JN356798

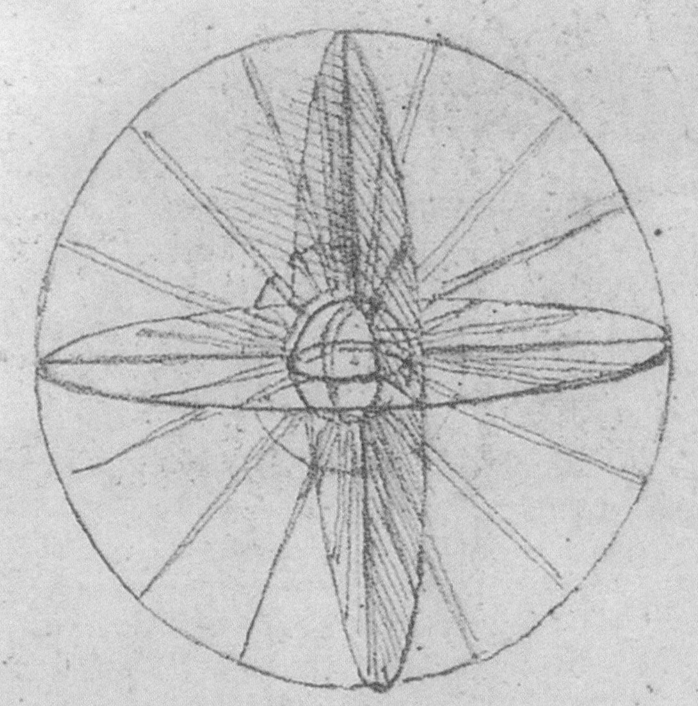

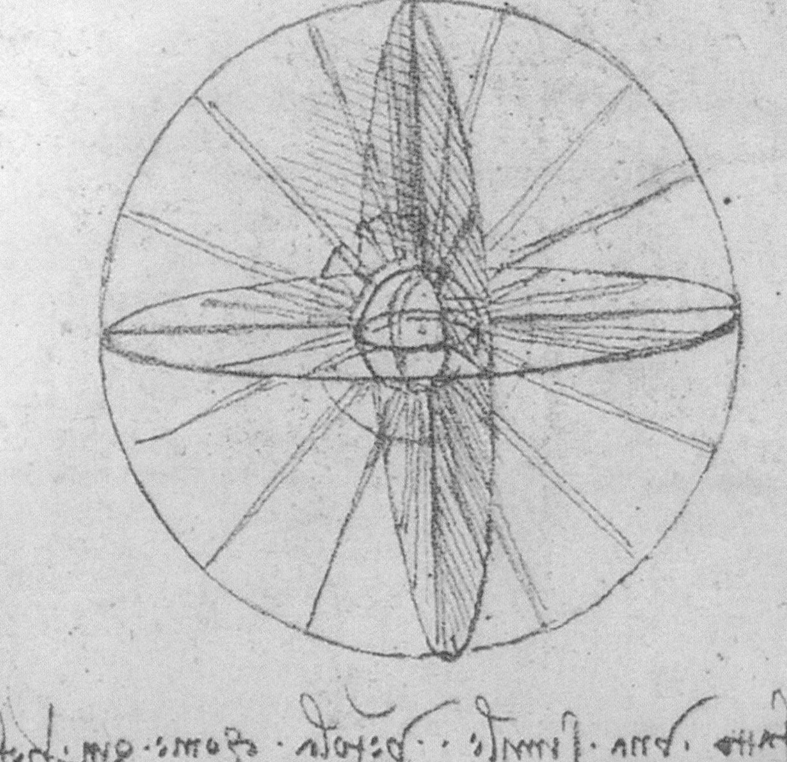

하늘을 상상한

레오나르도 **다 빈치**

하늘을 상상한 레오나르도 다 빈치

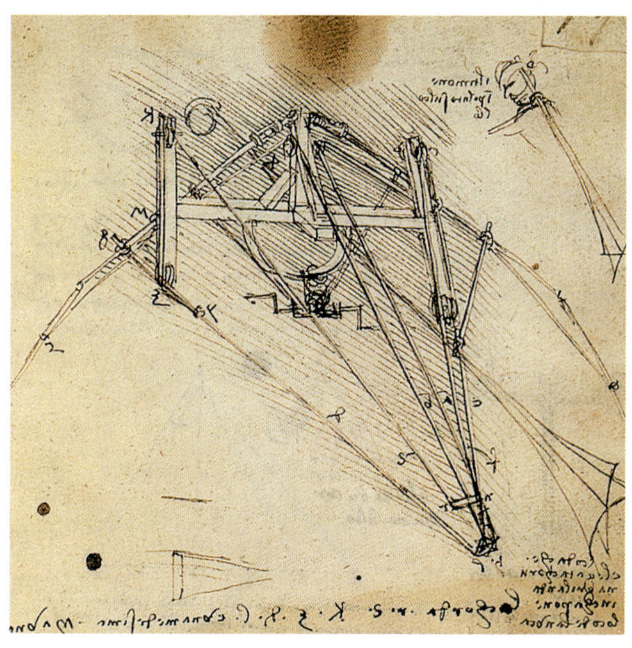

Domenico Laurenza 지음 | 권재상 옮김

이치 ichi

책에 실린 레오나르도의 필사본과 그림들은 Edizione Nazionale Vinciana(Giunti)에서 빌려왔으며, 다음에서 찾을 수 있다.
(첫 번째 열의 문자는 원문의 약자에 해당한다.)

A	Manuscript A (ca. 1490-1492), Paris, Institute de France
B	Manuscript B (ca. 1487-1490), Paris, Institute de France
CA	Codex Atlanticus (folios from various periods), Milan, Biblioteca Ambrosiana
CF III	Codex Forster III (ca. 1493-1496), London, Victoria and Albert Museum
CT	Codex Trivulzianus (1487-1490), Milan, Castello Sforzesco, Biblioteca Trivulziana
CV	Codex 'On the Flight of Birds' (ca. 1505), Turin, Biblioteca Reale
E	Manuscript E (1513-1514), Paris, Institute de France
G	Manuscript G (1510-1515), Paris, Institute de France
K^1	Manuscript K^1 (1503-1507), Paris, Institute de France
L	Manuscript L (1497-1504), Paris, Institute de France
M	Manuscript M (1495-1500), Paris, Institute de France
Md I	Manuscript Madrid I (1490-1508), Madrid, Biblioteca Nacional, Manuscript no. 8937
W	Windsor Castle, Royal Library (folios and manuscripts from various periods)

역자주

1. 각주는 원문에는 없는 것으로, 이해를 돕기 위해 한국어판에서만 달았다.
2. 연극 · 그림 등은 〈 〉로 표시하고, 서명 · 논문은 「 」로 표시하였다.

표지 그림 레오나르도 다 빈치의 스케치를 바탕으로 만든 비행기구 모델(B 74v; 피렌체, 피렌체 과학박물관), 바람을 이용한 두 가지 비행기구에 대한 연구(Md Ⅰ, f. 64r)와 그것을 바탕으로 만든 모델, 에어리얼 스크루(B 83v)와 그것을 바탕으로 만든 모델.

표 제 지 비행기구에 대한 연구(B 75r, 세부)

차례 그림 비행기구에 대한 실험 연구(B 88v, 세부)

Concept and editorial co-ordinator Claudio Pescio
Editor Augusta Tosone
English translation Joan M. Reifsnyder
Graphic design and layout consultants Edimedia Sas, Via Orcagna 66, Florence

LEONARDO On Flight
by Domenico Laurenza

차 례

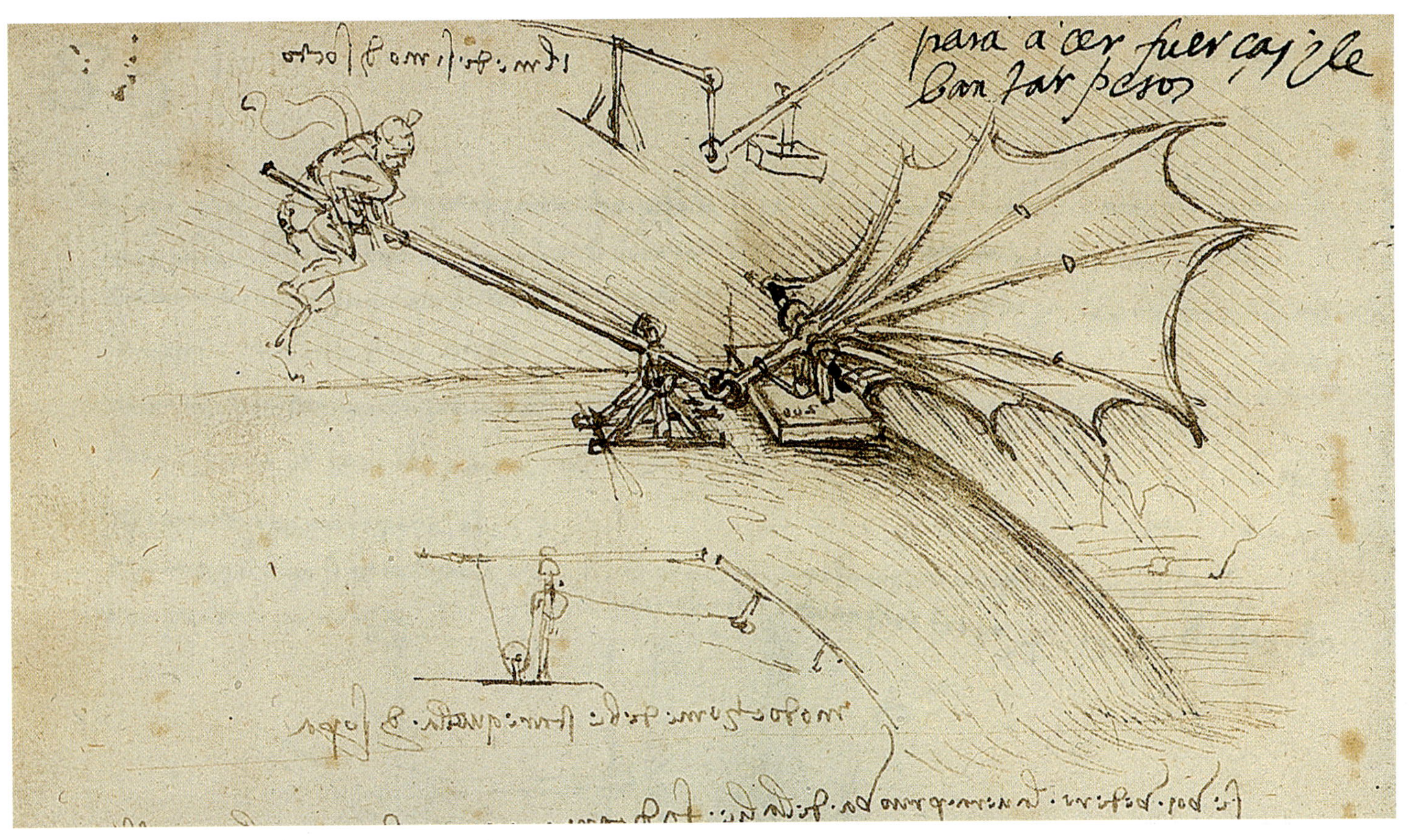

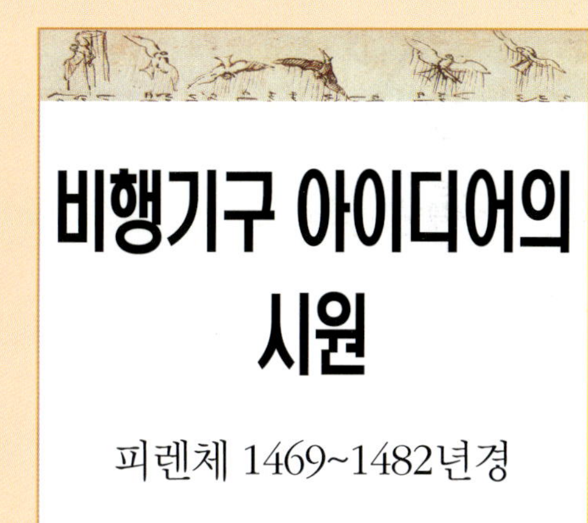

비행기구 아이디어의 시원

피렌체 1469~1482년경

인간의 무모한 듯한 꿈들 중 하나를 실현시킨 비행기구의 아이디어는 레오나르도가 피렌체Florence에서의 성장기 동안에 받은 자극에서 비롯된 것으로 보인다.

이 어린 천재는 베로키오Andrea del Verrocchio 공방에서 일하면서 오랜 전통의 피렌체파 극장 기계들을 접했는데, 공연 속에서 관객들을 놀라움으로 사로잡는 '특수효과 장치들' 은 그에게 비행에 관한 여러 가지 형태의 새로운 생각들을 가지게 했다.

또한 레오나르도는 동물세계를 비롯하여 조류의 비행을 가장 열정적으로 연구했다.

당시 피렌체파 예술에는 날개 달린 용들을 포함한, 여러 형태의 기상천외한 피조물들이 자주 등장하였다. 인간의 한계에 도전하는 이 첫 번째 혁신적인 기계는 15세기 시에나파Sienese[1)] 엔지니어들과 그들의 디자인으로부터 연구되기 시작했다.

---

1) Sienese : 13세기 후반에서 14세기에 걸쳐 이탈리아의 Siena에서 융성했던 회화파를 말한다.

앞 페이지
수태고지[2]에 있는 천사의 세부 묘사(피렌체, 우피치, 1472~1474년경).

1 , 4 두 개의 수태고지 (위 : 피렌체, 우피치, 1472~1474년경/ 아래 : 파리, 루브르, 1478~1482년, 후자의 일부분만이 레오나르도의 작).

2 하늘을 나는 천사에 의해 올려진 탄생에 대한 연구 (1480년경 ; 베니스, 아카데미아 no. 256).

3, 5 브루넬레스키(Brunelleschi)의 돔을 얹은 산타마리아 델 피오레 대성당과 브루넬레스키의 공방에서 사용된 회전하는 크레인. 이 모델은 레오나르도의 그림을 토대로 한 것이다.

엔지니어들을 좋아한 레오나르도는 브루넬레스키의 기계를 연구했다.(피렌체, 피렌체 과학박물관)

1

2

3

4

극장 기계

1469년경, 레오나르도는 수련을 위해 고향을 떠나 베로키오 공방이 있는 피렌체로 향했다. 공방은 탁월한 그림과 조각품들 그림 4, 16, 26을 만들고 있었을 뿐만 아니라, 당시 유명했던 피렌체 공방들의 많은 작품들, 즉 무기에서부터 교회의 종에 이르는 작품들을 접할 수 있는 곳이기도 했다. 다양한 공방활동 속에는 축제와 극장 공연에 사용되는 무대장치와 배경을 설치하는 일도 있었으며, 그 주제는 경건한 것과 세속적인 것 양쪽 모두를 아우르고 있었다.

배우의 연기 외에도 다양하게 변하는 무대배경은 당시 공연의 중요한 부분이었다. 당시 극장에서는 무대장면의 변화를 이루어내기 위해서 'ingegni' 라틴어 ingenium에서 유래한 말로서 타고난 기질 또는 재능을 뜻하며, 엔지니어의 어원임라고 하는 복잡한 극장기계들을 사용했는데, 피렌체파 공방에서 발명한 이 교묘한 장치들은 무대 세트와 배경을 움직였고, 관객들은 배우들조차 압도당하는, 정말로 '살아 있는 그림들' 앞에 앉아 있었다.

소우잘Soudzal의 아브라함 주교는 1439년 피렌체에 있었는데, 당시 작성한 노트에 자신이 관람한 공연을 매우 상세하게 묘사하고 있다. 그는 예수 승천the Ascension 장면이 연출되는 과정을 놀라움과 경이로움으로 다음과 같이 표현했다.

'예수를 연기한 배우는 정말로 하늘로 올라가는 것처럼 보였고, 아무런 흔들림 없이 상당한 높이에까지 도달했다. 그러는 동안에

2) the Annunciation : 수태고지. 마리아가 성령에 의해 잉태하였음을 천사 가브리엘이 마리아에게 알려준 일. 성모영보라고도 한다.

6, 7, 9, 10 홰치는 날개가 장치된 기계의 설계도. 연극 연출을 위해 설계된 것임 (1480년경; 피렌체, 우피치, no. 447Ev, 전체 그림 및 세부).

8 조반니 폰타나(Giovanni Fontana, 1393~1455) 작, 얇은 막으로 덮인 날개가 장착된 자동장치. 연극 제작을 위해 설계되었다. (뮌헨, Bayerische Staatbibliothek, Cod. Icon. 242, f.63v)

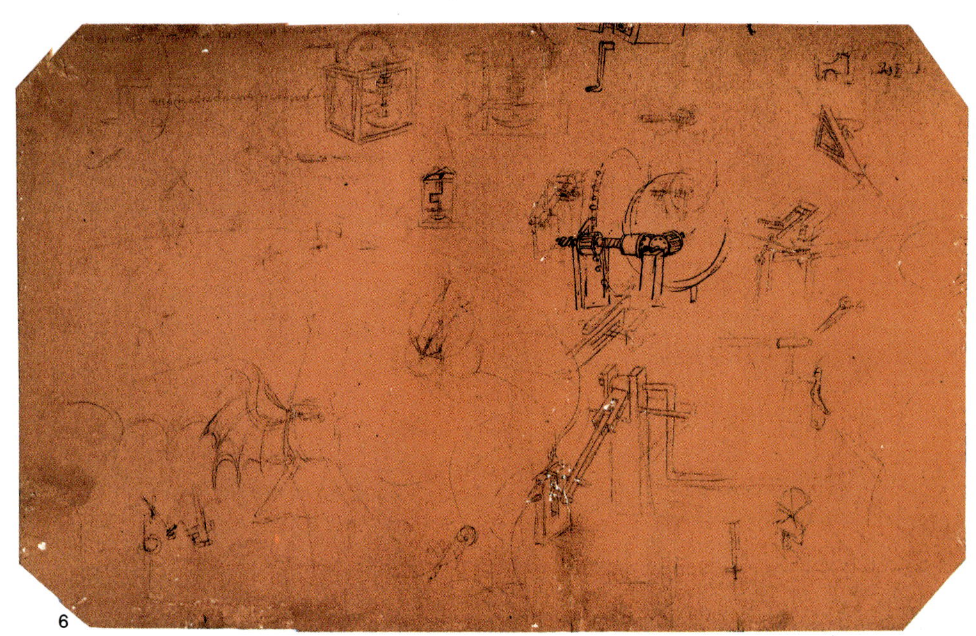

6

7

하늘이 열리고, 놀랍게도 하늘에 계신 아버지가 허공 중에 나타났다.'

산티시마 아눈치아타Santissima Annunziata 교회에서도 〈수태고지〉가 공연되었는데, 이것을 본 러시아 주교는 무대효과에 대해 '환희의 음성이 울려 퍼지는 속에서 천사가 날아오르고, 천사는 팔을 위아래로 움직인다. 마치 정말로 날고 있는 것처럼 날개를 퍼덕인다.' 라고 평했다.

1471년 3월, 갈레아초 마리아 스포르차 공작Galeazzo Maria Sforza이 피렌체를 방문했을 당시, 베로키오 역시 이 밀라노의 공작을 맞이하는 축전을 준비하는 데 참여했다. 사순절 기간 동안의 축제 행사는 지나치게 공을 들일 수 없었으나, 종교적인 연극은 상연되었다.

〈수태고지〉는 폰테 베키오the Ponte Vecchio와 가까운 광장에 있는 산 펠리체San Felice 교회 무대에 올려졌고, 〈예수 승천〉은 카르미네the Carmine 교회에서 상영되었으며, 그곳으로부터 멀지 않은 산토 스피리토Santo Sprito 교회에서는 〈펜테코스트the Pentecost[3]〉가 공연되었다.

피렌체를 방문한 스포르차 공작에게 경의를 표하기 위해 공연된 이 연극들은 수년 전에 이미 여러 차례 공연된 바 있었는데, 공연 안에서 강조된 것은 틀림없이 수직상승과 비행의 시뮬레이션이었을 것이다. 〈예수 승천〉에서는 하늘에서 내려와 구름 속에 떠 있던 천사들이 천상의 그리스도와 동행했고, 성 펠리체의 〈수태고지〉에서는 다른 천사들이 매달려 있던 만돌라에서 천사장 가브리엘이 하늘로부터 내려왔다.

3) the Pentecost : 성령강림절, 오순절.

이러한 동작들은 모두 다 밧줄과 모터가 달린 기계장치에 의해 가능했다. 당시의 선도적인 아티스트-엔지니어들artist-engineer은 이런 기계들을 발명하고 창조하는 데 전념했다. 아마도 1471년에 갈레아초 공작이 관람한 〈수태고지〉의 연출은 여전히 'ingegni' 기계장치를 사용하는 데 기반을 두고 있었을 것이다. 그 기계장치는 르네상스 시대의 가장 위대한 피렌체파 건축가인 필리포 브루넬레스키Filppo Brunelleschi[4], 그림 3, 5에 의해 르네상스 100년 중 전반 50년에 걸쳐 완벽해졌다.

피렌체의 공방, 이것은 젊은 레오나르도가 깊이 빠져든 세계였다. 그곳에서는 예술적인 명작뿐만 아니라 경이적인 기계들을 만들어낼 수 있기 때문이었다. 아마도 이런 환경이 레오나르도 내면에 비행기구를 이용하여 새들을 모방하는 아이디어를 싹 틔웠을 것이다.

이 같은 내용은 이 아이디어가 레오나르도의 성장기 동안에 꼭 피렌체에서 태동했다는 의미보다 더 많은 것을 의미하는데, 이는 학자들이 추정하는 것처럼 1482년과 1483년 사이에 밀라노로 옮긴 후는 아닌 것으로 보인다. 레오나르도의 더 젊은 시절의 것으로 생각되는 폴리오 그림 6; 우피치[5] 소장, no. 447Ev 의 그림 왼쪽 아랫부분에는 두 날개 중 하나만이 완전하게 그려져 있는 박쥐 날개 그림이 분명하게 보인다.

바로 오른쪽에 더 큰 날개에 대한 기계장치 그림 9 의 설계도가 있으며, 오른쪽 위 그림 10

8

9

10

4) Filppo Brunelleschi : 1410년경 르네상스 시대 피렌체 건축가. 투시원근법의 원리와 소실점을 발견한 미술가.
5) Uffizi : 이탈리아의 세계적인 미술관.

11-15 홰치는 날개장치. 연극에 사용하는 것으로 추정된다. 그림 12와 14의 중앙에 있는 기구는 배의 형태를 하고 있다(1480년경; CA991r, 156r, 144r, 860r, 858r).

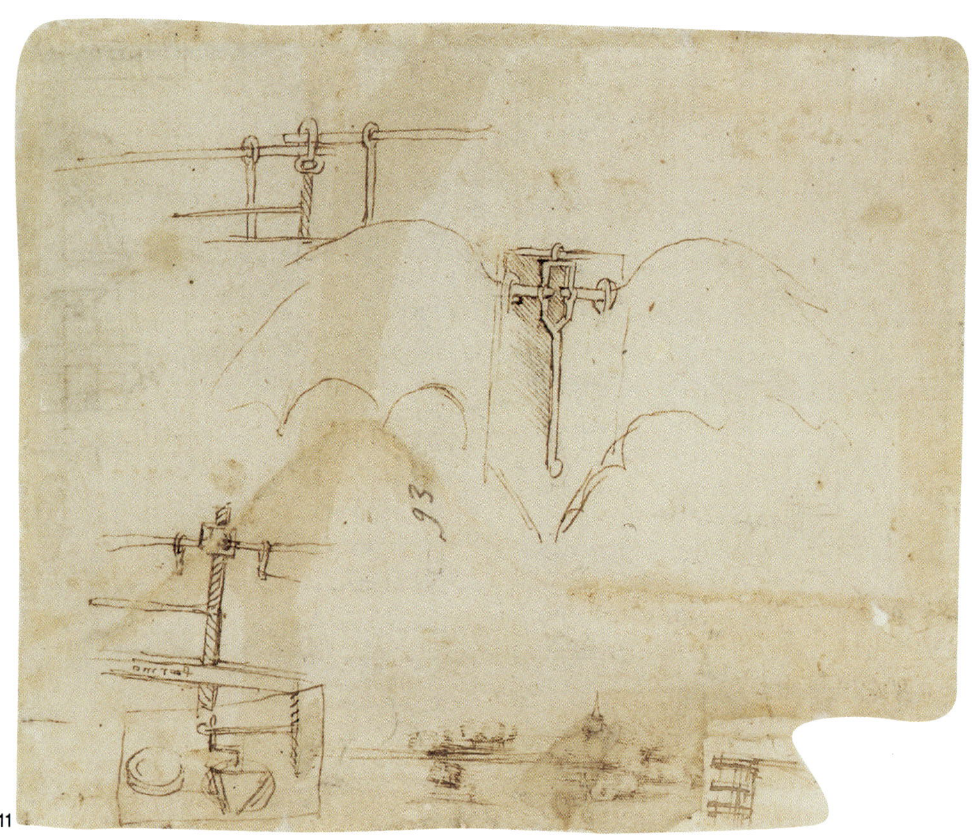

11

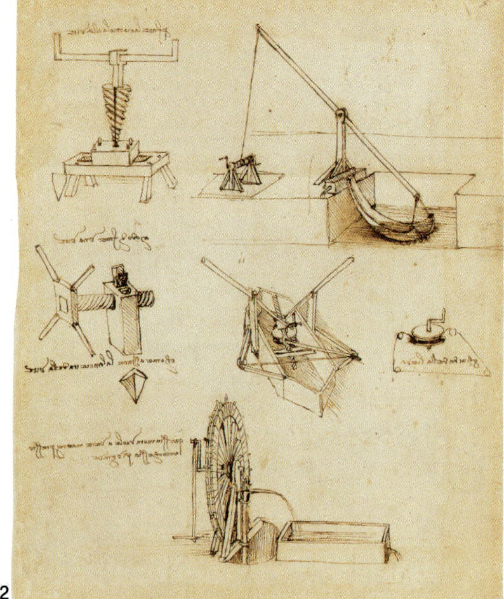

12

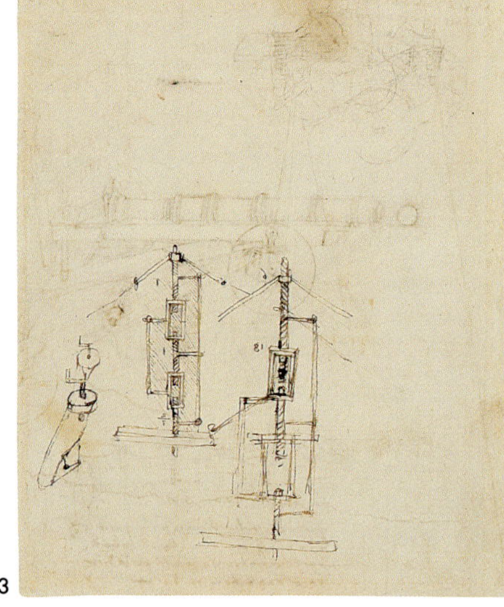

13

에 스케치된 그림에서는 막대에 연결된 또 다른 날개에 대한 힌트를 주고 있다.

이 스케치들은 모두 퍼덕이는 날개장치에 대해 묘사하고 있는데, 비행기구에 대한 것이지만 매우 특별한 목적이 있어 보인다. 박쥐 날개의 그림 **그림 7**에는 머리와 가슴이 있고, 꼬리 혹은 천사의 옷으로 여겨지는 것도 있다. 또 밧줄 또는 줄에 매다는 것으로 보이는 장치를 향해 상부와 하부가 집중되는 두 개의 삼각구조도 있는데, 그 삼각형의 정점은 천장의 도르래에 걸려 있는, 확연히 눈에 보이는 밧줄로 연결되어 있다.

이 글을 읽어 보면 스케치들은 레오나르도가 나중에 연구한 것들과 같은 비행기구에 대한 단순하고 일반적인 연구가 아니라, 공연 중에 밧줄에 매달려 비행하는 것으로 추측되는 천사 혹은 악마 같은 인물, 즉 기계장치'ingegno'에 대한 디자인이다.

실제로 비슷한 특징을 가진 연극 작품들은 피렌체에서 상세한 기법을 사용하여 훌륭하게 제작되었으며, 이것의 한 예로 1454년 세례 요한 축제를 들 수 있다. 축제에서 피렌체 거리를 행진하는 가장행렬 마차들 중 하나는 사탄 루시퍼와 싸우는 대천사 미카엘을 풍자했다. 마차가 어떤 지점에 멈추자, 천사들 사이에서 전투 공연이 시작되었고, 하늘로부터 저주받은 루시퍼와 그의 군대가 추방됨으로써 막을 내렸다.

콰트로첸토Quattrocento[6]의 또 한 사람의 위대한 엔지니어인 조반니 폰타나Giovanni Fontana, 1393~1455년는 그의 작품Bellicorum Instrumentorum Liber에서 축제와 드라마의 연출을 위해 얇은 막을 씌운 날개가 장착된 자동

6) Quattrocento : 15세기, 이탈리아 문예 부흥기.

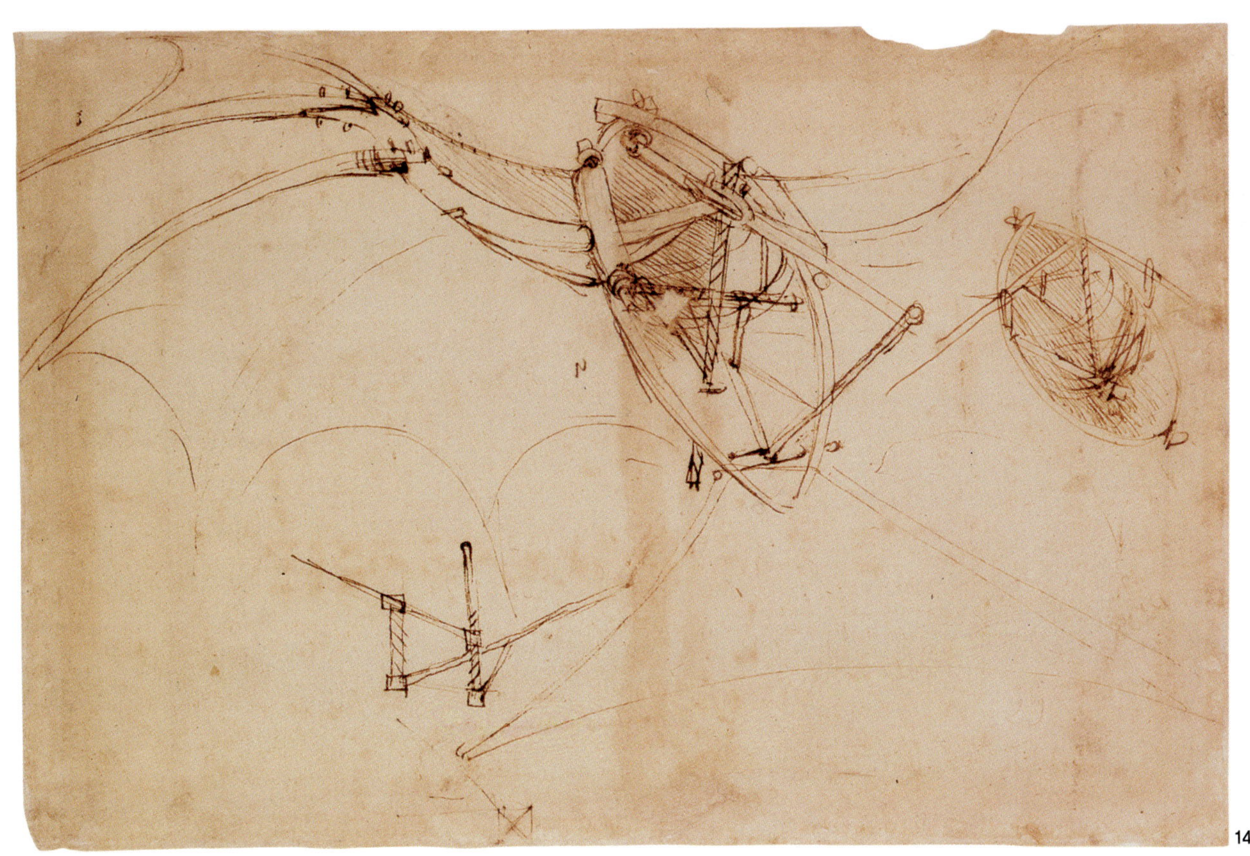

14

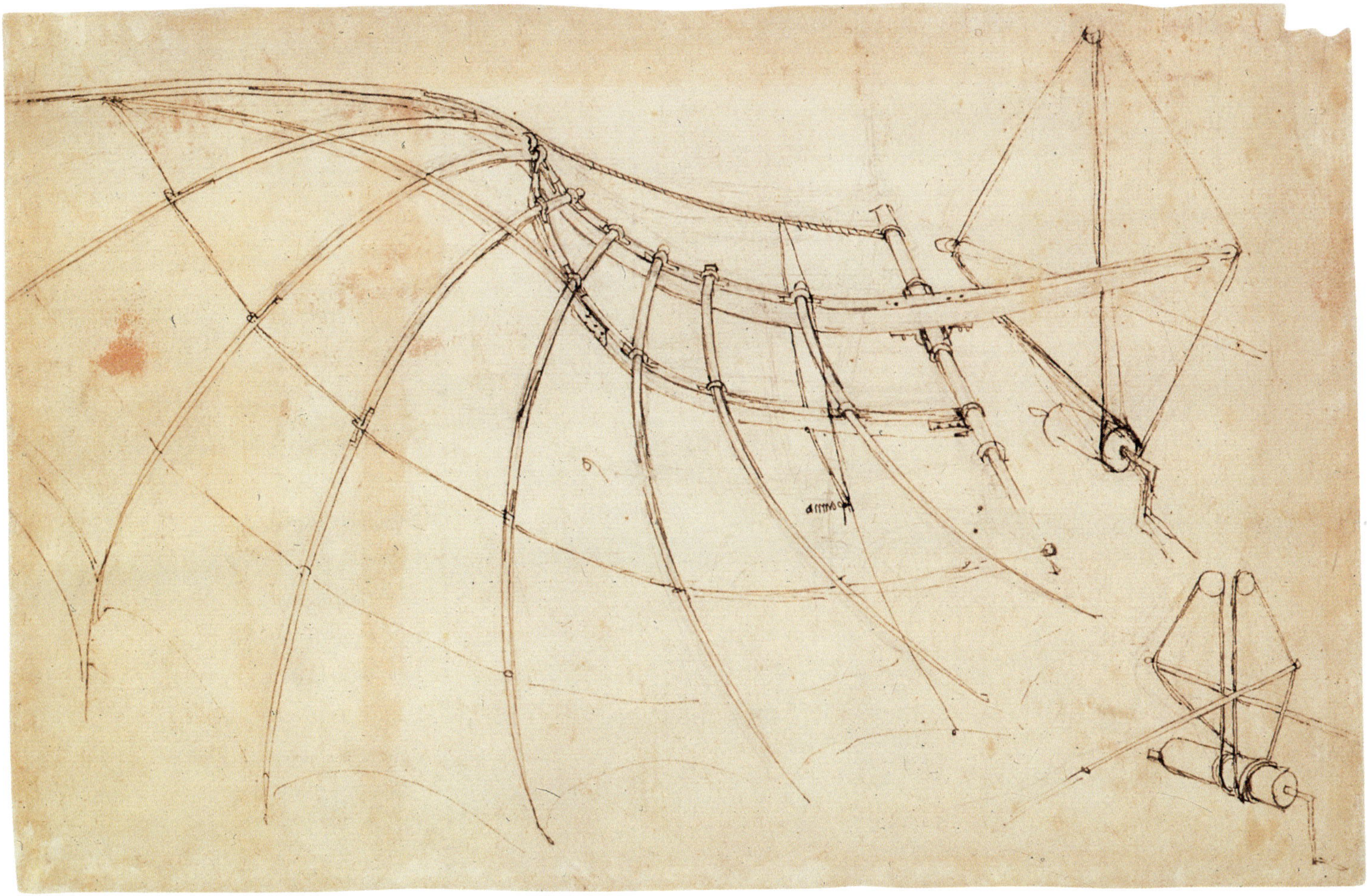

15

16 레오나르도와 베로키오 공방 작, 마상 창시합 깃발에 대한 연구 (1475년경; 피렌체, 우피치) 드로잉 no. 212E.

17 연극적 표현을 위한 장치: 음향 앰프(오른쪽 위) 및 (바로 아래) 자동인형을 들어올리는 장치(1478~1480년경; CA 75r).

18, 20 등불에 대한 연구 (그림 18 왼쪽 위; 1480년경; CA 34r & 576av, 세부).

19 극장용으로 예정됐던 비행기구(옥스퍼드, 애시몰린 박물관, 세부).

21 새들의 비행 경로를 나타내는 선. 극장용 비행기구에 대한 연구가 있는 폴리오(그림 6)의 다른 면에 있다(1480년경; 피렌체, 우피치, no. 447Er, 세부).

16

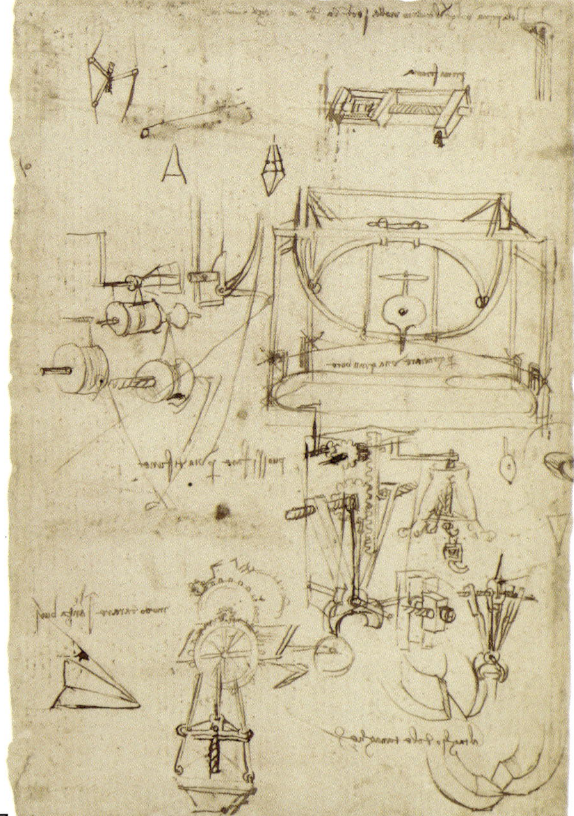

17

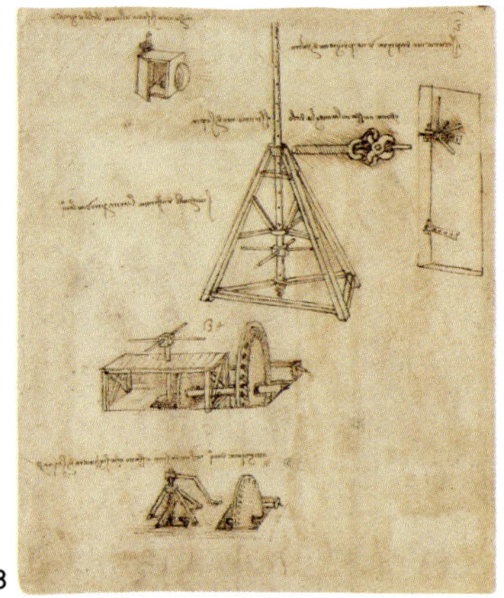

18

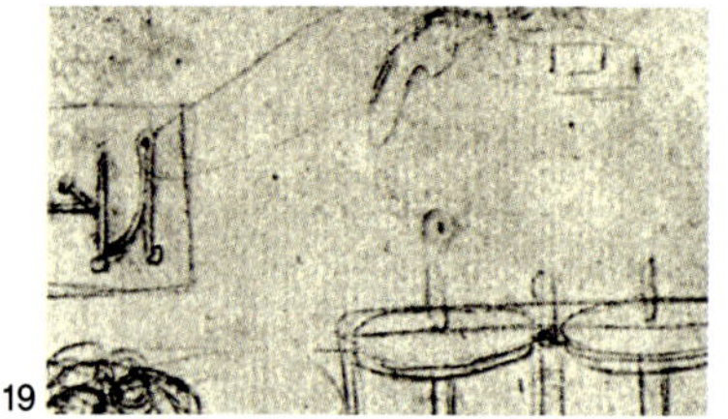

19

장치를 설계했다 **그림 8**.

앞에서 말한 도면들 중 하나인 독특한 모터가 장착된 기계장치 역시 연극 연출에 사용될 예정이었던 것 같다 **그림 9**. 이 장치에서 날개는 선반 내로 작동 범위가 제한되어 있는 수동 크랭크에 연결되어 있어서, 교대로 움직이는 날개 치기 동작으로는 그 장치를 지면에서 떠올려 비행하게 하는 충분한 힘을 날개에 전달할 수 없었다.

레오나르도는 그 장치를 날게 하도록 의도한 것이 아니라, 연극 장면에 생기를 불어넣기 위해 날개가 퍼덕이는 동작만을 간단히 만들어내려 했을 것이다. 날개가 연결된 버팀목을 지탱하는 사각형의 지지대로 이루어진 비슷한 장치도 옥스퍼드에 소장된 폴리오에 스케치되어 있다 **그림 19**. 그렇지만 이 경우에는 각 측면에 두 개의 날개가 있다.

레오나르도는 비행하기 위해서가 아니라, 연극 공연 중에 관객들의 경탄을 자아내게 하기 위해 날개의 움직임을 재현했는데, 그의 성장기인 1480년경에 이루어진 연구들은 이러한 연구 양상을 띠고 있을 것이다 **그림 11~15, 34**. 이 모든 연구들에 있어서 날개의 동작은 복합적인 원리에 기반을 두고 있다.

손의 움직임을 좌우로 교차함으로써 크랭크를 움직여 곧추선 나사가 상하로 움직이도록 동작을 변환하고, 그에 따라 날개를 치게 하는 것이다. 우피치 폴리오에 나타난 바와 같이 날개의 움직임은 제한되어 있다. 따라서 이것은 비행에 도움이 되지 못한다. 사실 이런 메커니즘은 실제 비행기구에 주력하는 후속 연구에서는 나타나지 않고 있다.

기구의 중심부를 꿰뚫고 있는 중앙나사는 상하 기계장치를 연장하며, 현수 케이블 역할로도 기능했음을 암시한다. 두 장의 도면

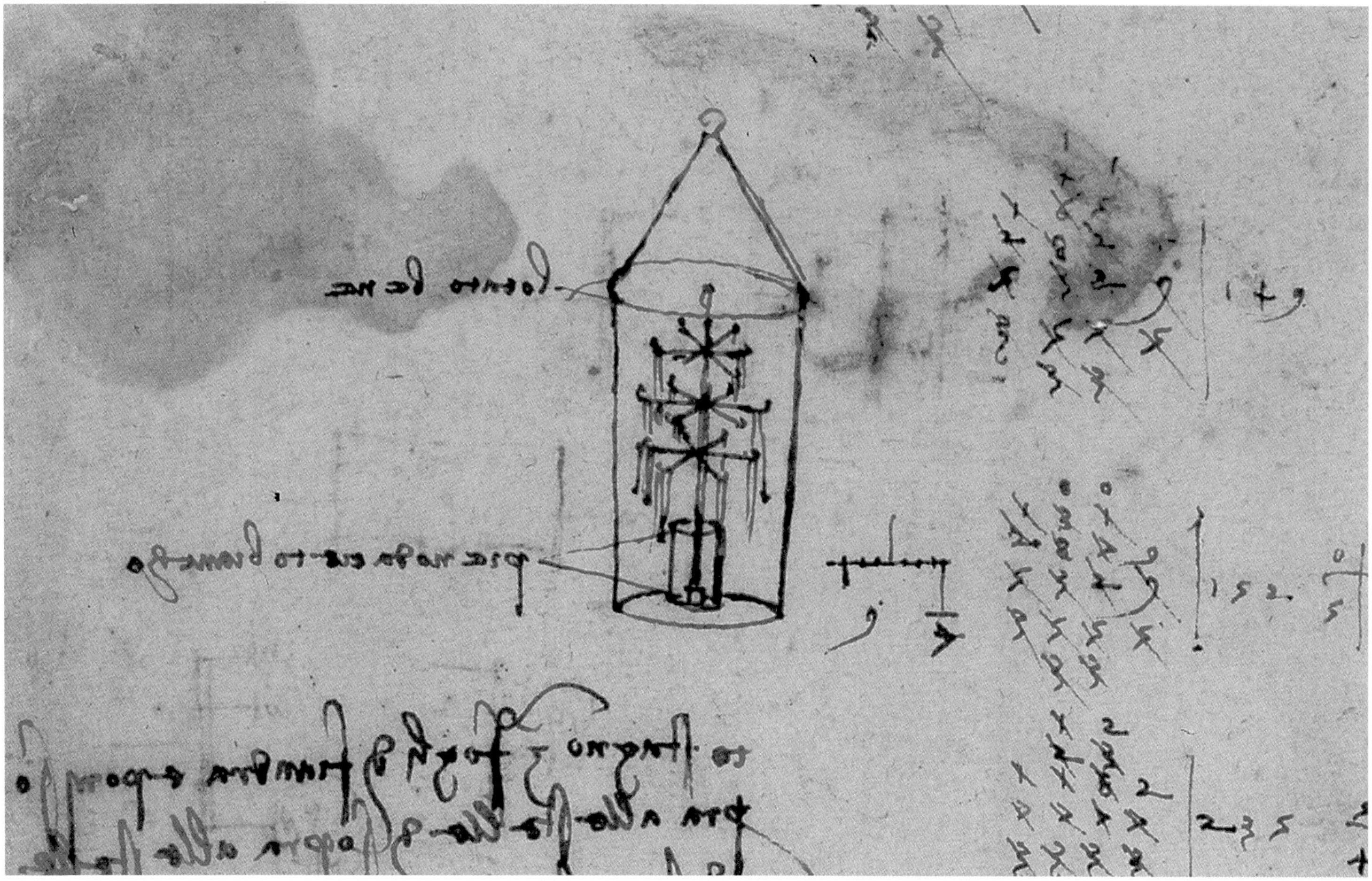

20

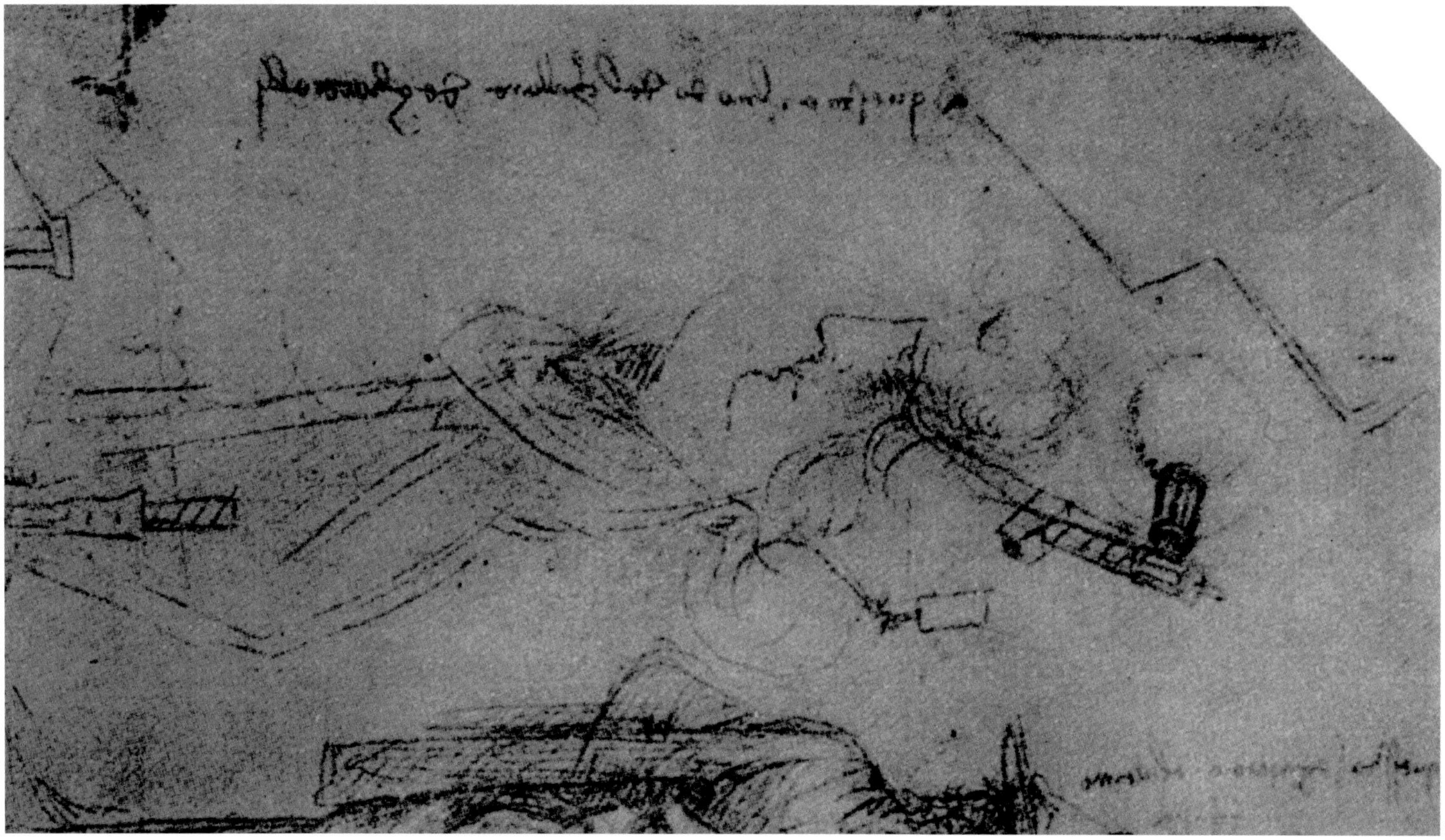

21

22-24, 25-26 파올로 우첼로 작의 두 가지 버전의 〈성 조지와 용〉(1465년, 파리, 자크마르 앙드레 미술관 & 1470년, 런던, 내셔널 갤러리), 레오나르도의 그림 (1480년경; W 12370r), 베로키오 작으로 생각되는 대리석 세면기(피렌체, 산 로렌초의 성물안치실); 르네상스 시대 피렌체 예술에서 자주 등장하는 날개 달린 창조물의 예.

23 비행기구에 대한 연구가 있는 폴리오(그림 6)의 다른 면에 있는 새의 활강 경로에 대한 레오나르도의 연구(왼쪽 위); 레오나르도의 정신은 극장기계의 세계로부터 자연에 대한 연구로 변해 간다 (1480년경, 피렌체, 우피치, no. 447Er).

22

23

24

들 그림 12, 14에는 중심부의 형태가 배의 선체 모양을 한 그림이 있다. 그 중 하나 그림 14에는 얇은 막으로 덮인 거대한 날개와 커다란 꼬리가 달려 있고, 그 밖에도 연극무대 설치에 사용하는 것을 표시하고 있다.

극장과 무대 기계장치에 대한 레오나르도의 관심은 그의 첫 번째 밀라노 체류 기간 즈음에 시작된다. 그렇지만 피렌체에 있던 초기 몇 년 동안까지도 연극 연출에 대한 관심과 참여는 남다른 징후를 보이고 있다.

젊은 시절의 레오나르도가 베로키오 공방에서 일하고 있을 당시에, 아마도 그는 우피치의 도면 그림 16; no. 212E이 보여주는 바와 같이 마상 창시합의 깃발을 실현시키는 데 참여한 듯하다. 「코덱스[7] 아틀란티쿠스」의 폴리오 그림 17; 75r에는 연극 상연에서 확실히 유용했을 어떤 것, 즉 '큰 목소리를 나게 하는' 데 쓰였던 기구 오른쪽 윗부분에 있는 큰 그림에 대한 것이 있다.

그 그림 바로 아래에는 다리에 긴 스타킹을 완벽하게 착용한 인체의 하부를 지나가는 핸들과 함께, 작동하는 끝단에 갈고리가 달린 나사의 스케치가 있다. 이것은 분명히 연극기계장치이다. 그 폴리오의 뒷면에는 '큰 빛투영하기 To project a large light'라는 부분적인 기록이 있는데, 그것은 극장에서 유용한 '빛'의 문제를 다루는 것으로 보인다.

이와 동일한 문제가, 환등기를 묘사하는 동일한 시기의 다른 기록들과 도면에서 다시 한 번 다루어지는데 그림 18, 20; CA 34r, 576av, 후자 576av에서 '별들 위에 두다'라는 기록은 무대 설치에 그것을 사용하였음을 증명한다.

7) 코덱스 : 서양에서 책을 만들던 방식 중 하나. 책자 모양으로 끈이나 금속으로 묶어 제본하였다.

동물세계의 연구

이 점에 대해 우리가 논의한 거의 모든 것들은 콰트로첸토의 피렌체파 아티스트-엔지니어의 전형적인 지식과 활동의 일부분이다. 하지만 레오나르도의 비행기구 프로젝트는 동물세계에 대한 그의 열정적인 연구와 밀접하게 연관이 있었기 때문에, 그는 평균을 넘어서는 훌륭한 행보를 한다.

레오나르도는 우피치 폴리오의 뒷면에 '이것은 새들이 하강하는 방법이다.' 라고 적고 있다. 이어서 그는 새들이 따르는 경로를 개략적으로 나타냈고 그림 21, 23, 또 다른 기록에서는 즉석 스케치임에도 불구하고 극장 기계류를 발명하는 데 있어서의 한계들을 어떻게 극복하는가와 같은 중요한 단서들을 보여준다. 퍼덕이는 날개의 동작을 재현하는 기계장치에 대한 레오나르도의 디자인이 단지 시각적으로만 자연현상을 모방하고 연극 상연에만 사용된다 할지라도, 그것은 비행하는 새에 대한 그의 관찰과 밀접하게 연관되어 있다. 여기에서 우리는 무엇이 비행에 관한 레오나르도의 연구의 특징인가에 대한 첫 번째 힌트와 마주하게 되는데, 깊이 있는 활동을 파악한 후에 행하는 자연의 재구성, 자연 비행의 재창조가 그것이다.

「가장 뛰어난 화가, 조각가, 건축가들의 생애Lives of the Most Eminent Painters, Sculptors, and Architects」라는 저서 중 레오나르도에 관한 일대기에서, 조르조 바사리 Giorgio Vasari는 일찍이 잃어버린 젊은 아티스트의 작품, 메두사의 머리에 대해 언급하고 있다. 영향력 있는 공증인이자 레오나르도의 아버지인 세르 피에로 ser Piero는 아들에게 자신의 소작농을 위해 나뭇조각에 그림을 그려 줄 것을 요청했다. 레오나르도는 아름다운 시골 마을

25

26

27–29 비행기구에 대한 연구,
잠자리와 다른 날벌레에 대한
동물학 연구
(1480~1485년경; CA 1051v,
전체 그림 및 세부).

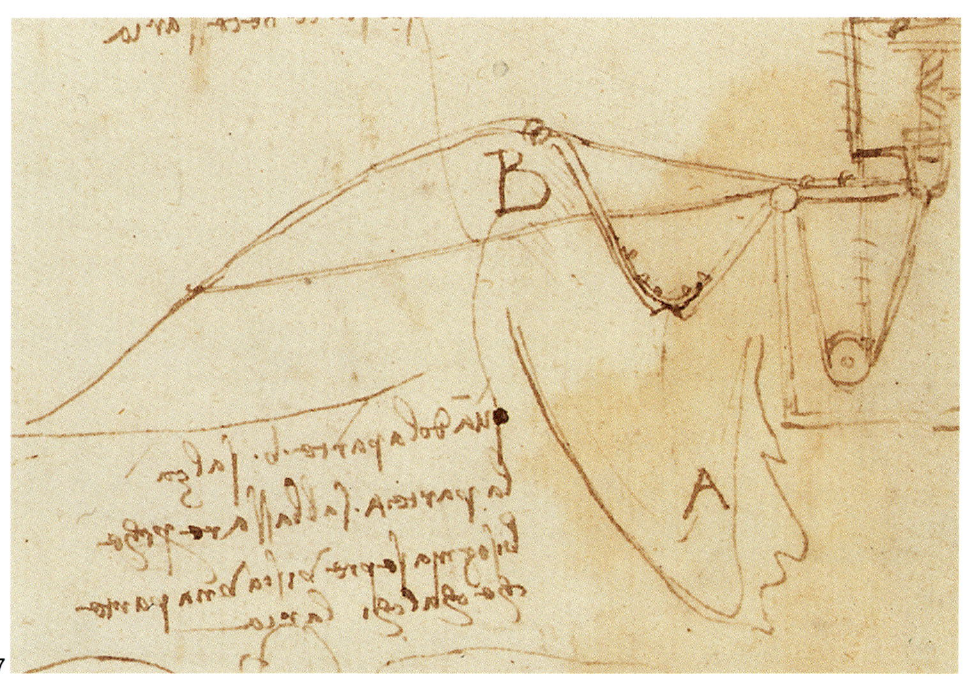

27

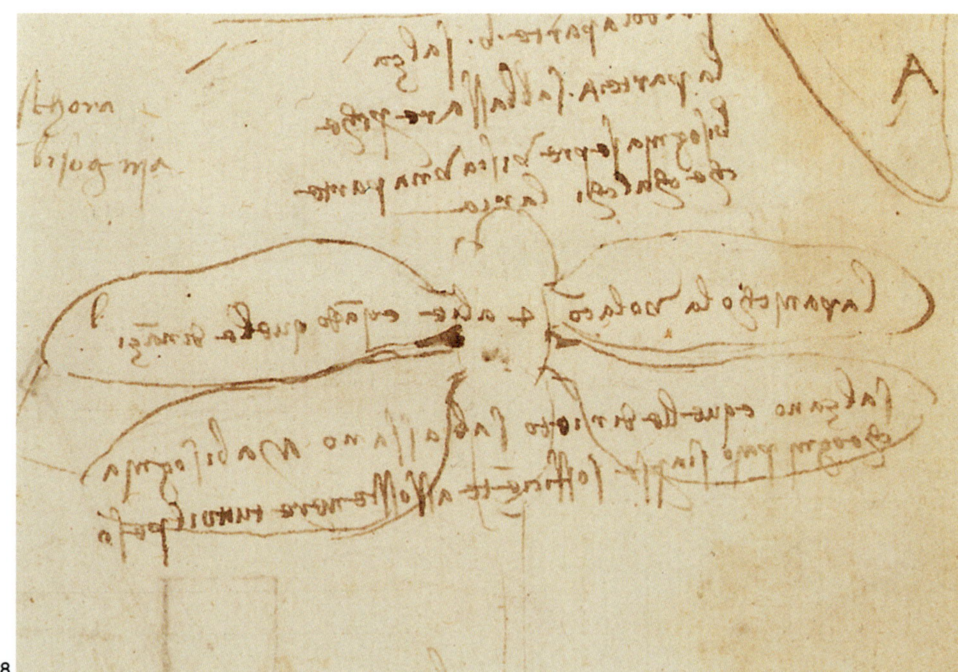

28

빈치 Vinci에 깊이 빠져 있었는데, 바사리는 이미지를 디자인하기 위해 '그가 도마뱀, 귀뚜라미, 나비, 메뚜기, 박쥐 등 다양하고 생소한 자연의 피조물들을 방으로 몰래 가져와서는, 무시무시하고 잔혹한 괴물을 창조해내기 위해 그것들의 서로 다른 부분들을 가져다가 조합하였다.' 라고 서술하였다.

이 이야기는 전해오는 이야기에 지나지 않지만, 동물학에 관한 레오나르도의 관심을 나타낸 것이라 볼 수 있다. 그것은 날개 달린 용과 같은 별난 동물을 상상한 것으로서, 인간 비행에 관한 그의 관심이 자라나던 시기 그림 22, 24, 26 의 피렌체파 작품들에 다시 등장한다.

실제로 우피치 폴리오의 뒷면에는 날개 달린 용이 스케치 되어 있다 그림 23. 같은 시기의 또 다른 도면은 그 폴리오의 앞면에 그려진, 날개가 있는 기계와 같은 얇은 막의 날개를 가진 용을 소재로 전투장면을 묘사하고 있다 그림 25; W 12370 r.

「코덱스 아틀란티쿠스」그림 27, 28; 1051v의 한 폴리오는 동물학과 비행기구의 연구에 대한 초기 연계 관계의 다른 흔적들을 보여준다. 아마도 레오나르도는 피렌체를 떠나기 전이나 밀라노에 도착한 직후에 잠시 동안 이 폴리오에 나타나는 것과 같은 연구를 했을 것이다. 바사리에 따르면, 폴리오에 나타난 도면들 속에는 그것들과 유사한 두 개의 작은 동물들의 스케치가 있으며, 그것들이 빈치 주변 시골마을에 있던 젊은 레오나르도의 마음을 사로잡았다고 한다. 스케치의 동물은 잠자리와 네 날개를 가진 곤충이었다. 여백에 있는 '네 날개의 비행을 보기 위해서는 개천 주위를 돌아다녀보라. 그러면 검은 그물망 날개들을 볼 수 있을 것이다.' 라는 장

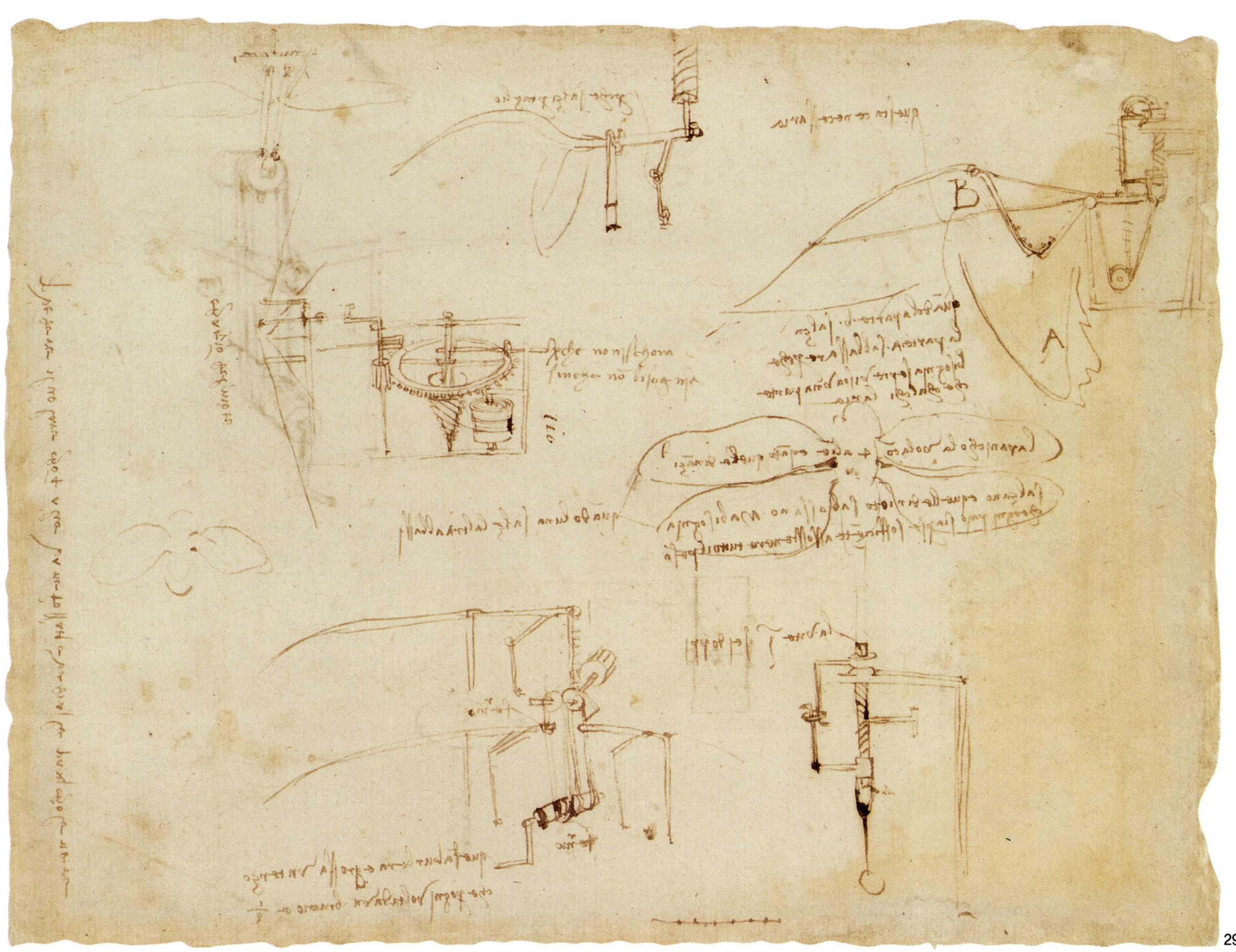
B
A

30-33 물을 기반으로 하는 기계장치 : 물 끌어올리기 (그림 30의 위와 왼쪽, 그림 33), 낙수의 무게 측정 (그림 31), 수증기로의 변환 (그림 32) (약 1480년경; CA 19r, 전체 그림 1112v 및 세부 26v).

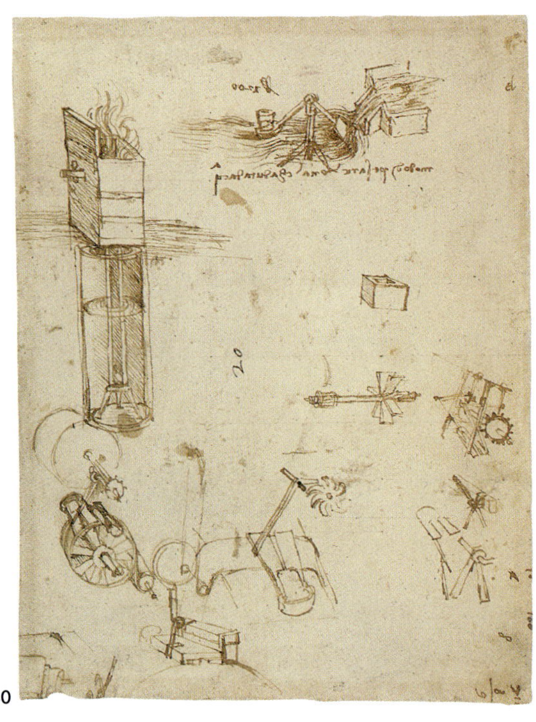

30

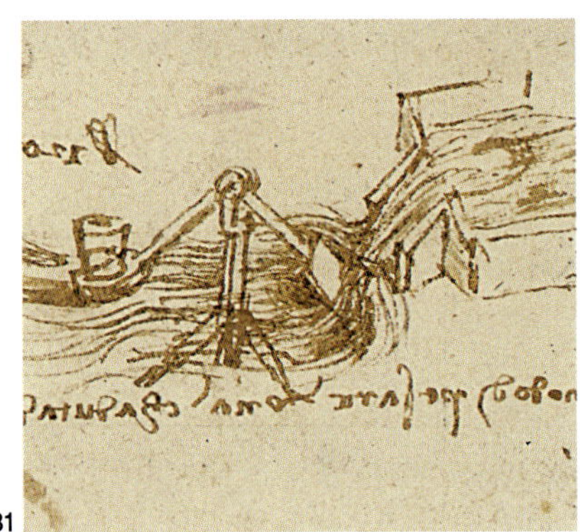

31

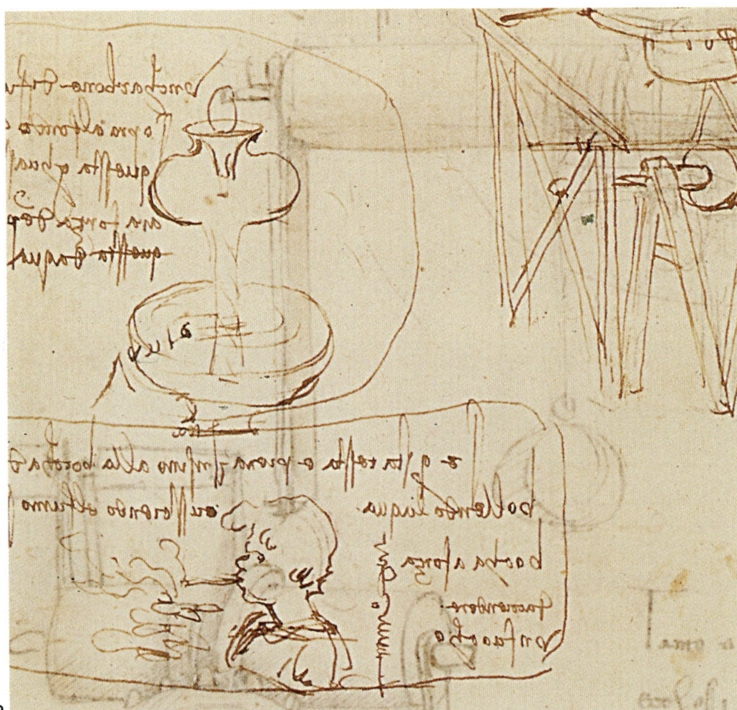

32

황한 메모는 스스로에 대한 초대장 혹은 조언이었다. 심지어 우피치 폴리오**그림 6, 큰 날개의 바로 위**의 가운데 있는 희미한 스케치는 아마도 두 날개의 곤충 또는 유사한 곤충을 묘사한 듯하다. 이미 말한 바와 같이 옥스퍼드 폴리오**그림 19**에 있는 비행기구에 대한 스케치조차도 잠자리처럼 양쪽 측면에 각각 두 장의 날개가 있다.

「코덱스 아틀란티쿠스」 폴리오에서 동물학적인 연구와 비행기구를 위한 도안 사이의 연관성은 한층 더 확실한 증거를 보이고 있다. 동물학적인 관점에서 보면 잠자리는 레오나르도를 매혹시켰는데, 그 이유는 그가 믿는 것처럼 네 날개의 맥놀이는 앞 쌍이 올라가면 뒤 쌍이 내려가면서 교대로 움직이고 있기 때문이었다. 위의 잠자리 그림에서 레오나르도는 다음과 같이 적고 있다.

'명주잠자리는 네 날개로 나는데, 앞 쌍이 올라갈 때 뒤 쌍은 내려간다. 그러나 각 쌍은 기본적으로 최대한의 몸무게를 떠 있게 하는 충분한 힘이 있어야 한다.'

이에 날개에 두 줄로 연결선을 그어서 '하나가 올라가면 다른 하나가 내려간다.' 라고 표시했다. 이런 식으로 날개 한 쌍이 올라가면 아래쪽을 향하여 날갯짓을 할 준비가 된 다른 날개 쌍은 곤충이 비행 상태를 유지하도록 표면의 지원을 제공한다.

자연계의 비행에 대한 레오나르도의 관심은 나중에 더욱 발전을 한다. 하지만 자연계의 비행에 대한 관찰은 레오나르도에게 인위적인 비행의 명료한 아이디어를 주었으며, 정말 스스로 지탱하면서 날아서 이동하는 기구를 설계하는 데 토대를 마련해 준다.

실제로 동일한 폴리오**그림 29** 오른쪽 위 그림**그림 27**에는 기계 날개에 대한 연구가 나타

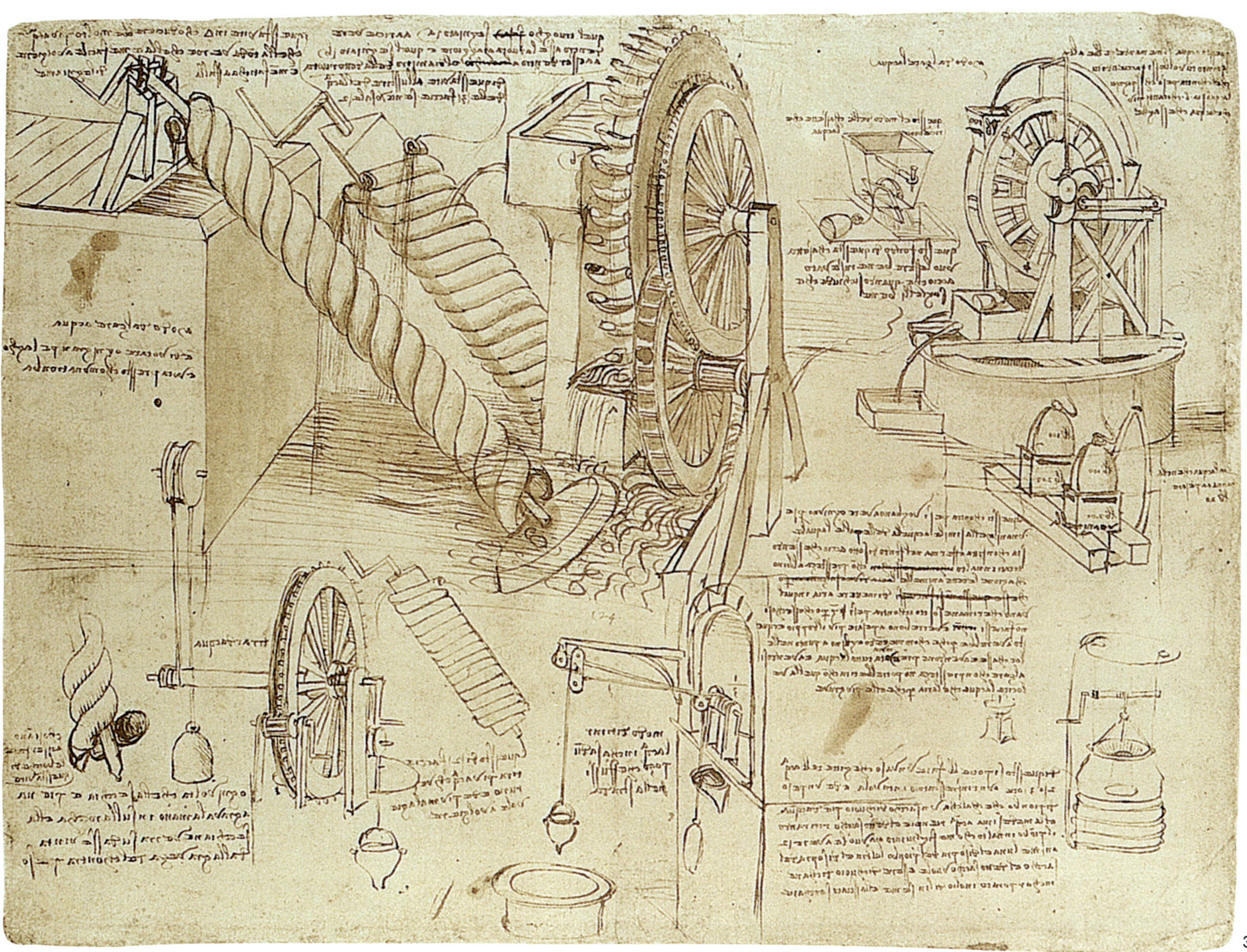

34 비행기구에 대한 연구 (1480년경; CA 1059v).

35-36 습도계는 공기를 연구하는 장치로 사용되었다 (1478~1480년경; CA 30v, 세부 & 루브르 no. 2022, 위쪽 중앙).

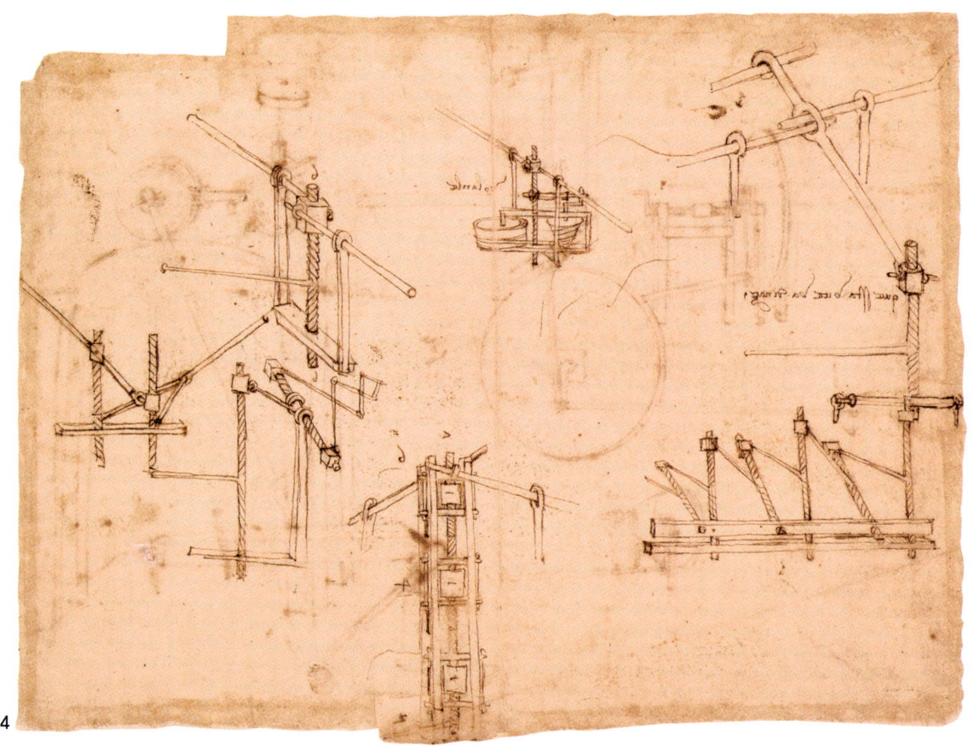

34

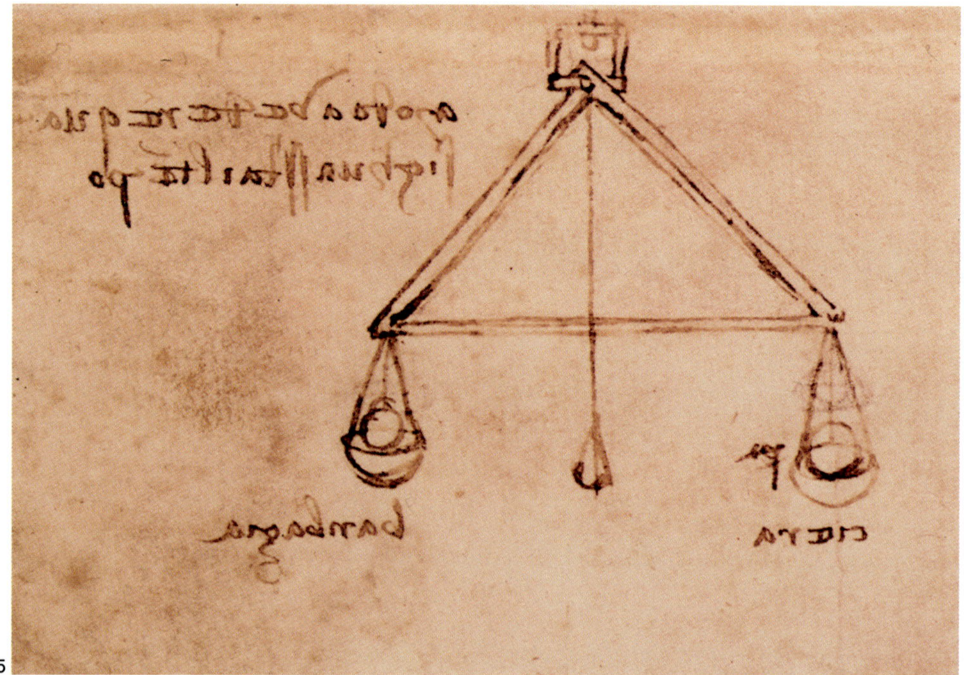

35

나 있다. 비록 한쪽 날개이기는 하지만, 그것은 두 쌍의 잠자리 날개를 교대로 움직이는 것을 모방하는 두 개의 부분으로 구성되어 있다. 앞을 A, 뒤를 B라고 가정하면, 앞부분 A가 올라갈 때 뒷부분 B는 공기를 아래로 누르면서 내려간다.

기술적인 '기적'

레오나르도의 동물세계에 대한 연구는 자연계의 비행을 모의할 수 있는 기구에 대한 프로젝트와 함께, 어떻게 그가 연극 기계장치에 대한 공방활동의 한계를 넘어섰는가를 보여주는 한 예일 뿐이다. 실제로 레오나르도가 피렌체에 있는 동안 실행한 엔지니어링 프로젝트와 설계에 대한 부분은 자연적인 요소들과 물, 흙, 공기, 그리고 불에 대한 물리적 연구에까지 미치고 있다. 레오나르도는 다양한 방법들을 연구했는데, 상당한 높이에까지 물을 끌어올리기 그림 30, 33; CA 19r, 26v, 물을 수증기로 변환시키기 그림 32; CA 1112v, 낙수의 무게 계산하기 그림 30, 31; CA 19v 'how to weigh falling water' 등이 그것이다.

공기에 대한 연구도 비슷한 작업으로 다루어졌다. 1478년경에 작성된 두 장의 습도계 도면 그림 35, 36; CA 30v, 루브르 no. 2022 중 하나에는 '어떻게 공기의 무게를 측정하고' '날씨가 언제 변하는지 알 수 있을까' 라는 기록이 있다. 그 습도계의 한쪽 끝에는 습기를 흡수하는 스펀지가 있고 다른 한쪽은 물기를 먹지 않도록 왁스 조각이 달린 평형막대로 이루어져 있다. 습기를 흡수한 스펀지는 아래로 내려가게 되고, 그에 따라 공기와 습기의 '무게'를 지시한다. 레오나르도의 발상에서 유래한 이 원리는 공기를 연구하는 데 있어서 빼놓을 수 없는 부분이다. 이 두 가지 습도계

37 연직선 장치. 각도를 측정하기 위한 도구(17세기; 피렌체, 피렌체 과학박물관).

38 일명 타콜라(Taccola)라고 불리는 마리아노 디 자코포 (Mariano di Iacopo, 1382~1458?) 작, 터널을 뚫기 위한 장치. 르네상스 초기 시대 토스카나 엔지니어의 야심이 담긴 또 다른 예 (피렌체, 국립도서관, Ms. Palatino 766, f.33r)

37

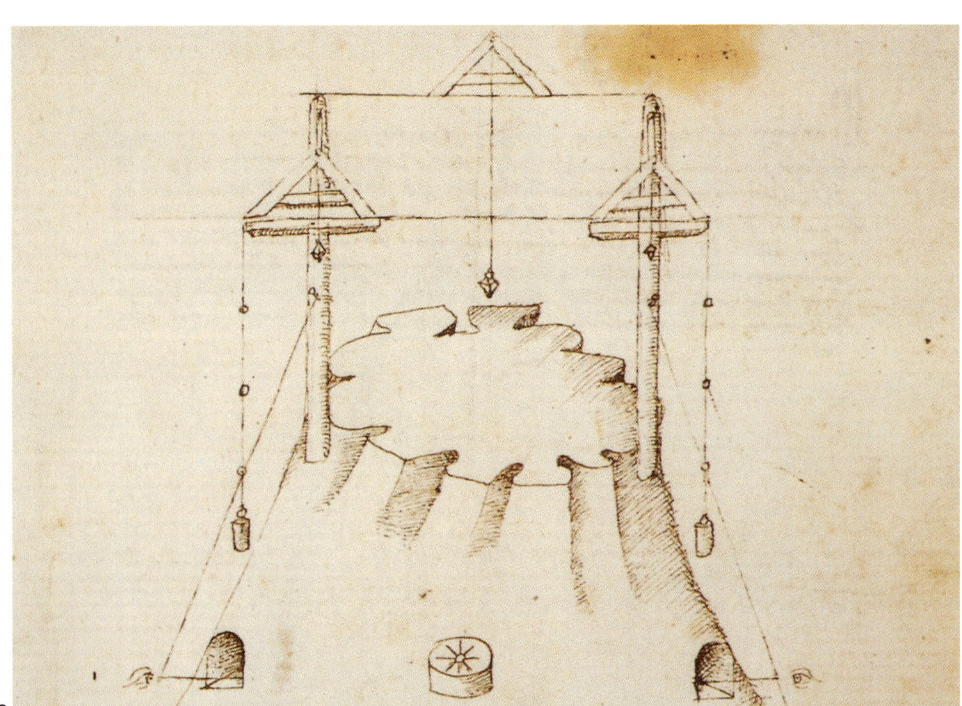

38

는 비행에 관한 연구에서 나타난 것이 아니라, 나중에 수행된 연구에서 나타난다. 예: 「코덱스 아틀란티쿠스」 폴리오 675r의 간이습도계.

엔지니어와 발명가로서 레오나르도의 초기 활동에 관한 중요한 기록 중 하나는 1482년경 피렌체에서 밀라노로 이주하는 전후 시기에 작성된 루도비코 일 모로Ludovico il Moro 공작에게 보내는 그의 소개장이다. 이 편지는 그가 직접 쓴 것이 아니라, 레오나르도의 글을 라틴어로 번역한 어떤 '문학가'의 작품임이 거의 확실하다.

편지에서 레오나르도는 전례가 없고 비범한 자신의 기술적인 능력을 격찬하고 있다. 이어서 그는 그 능력들이 몇몇 사람들에게는 실행할 수 없거나 불가능한 것일지도 모른다고 적고 있다. 편지의 서두는 레오나르도가 자신만의 비법들로써 다양한 일들을 맡았다는 것으로 시작하고 있다. 참고로 '비법'과 특수한 '기적'의 문화는 중세 시대로 거슬러 올라가는 오랜 전통을 가지고 있다.

13세기가 절정에 이르렀을 때, 저명한 물리학자 당시에는 오늘날 우리가 알고 있는 과학자는 존재하지 않았으며, 대신에 과학과 의학을 물리학의 한 분야로 보고 그것을 연구하는 물리학자가 있었다 인 로저 베이컨Roger Bacon은 저서Epistola de Secretis Operibus Artis et Naturae에서 경이적인 발명품의 목록을 작성했다. 즉, 노와 뱃사공 없이 바다와 강의 수면을 가르며 나아갈 수 있는 배, 동물의 힘을 빌리지 않고 움직일 수 있는 수레와 마차, 물 위를 걷고 물속을 이동하는 장치, 그리고 심지어 비행에 사람을 투입하는 것이 가능한, 즉 인조날개가 장착된 기계장치의 중심에 사람을 탑승시킬 수 있는 발명품들이 그것이다. 이 목록은 레오나르도가 야심찬 어조로 루도비코 일 모로 공작에게 보낸 편지를 바로 생각

레오나르도가 루도비코 공작에게 자신을 소개하는 편지

"전쟁기구의 달인이며 제작자라 자처하는 모든 사람들의 진면목에 대해 충분한 식견을 지니시고, 그러한 기구들의 개념과 운영이 공통적으로 사용되는 방법을 벗어나지 않는다는 것을 보아오신 가장 뛰어난 공작님이시여! 저는 저의 비방을 각하에게 직접 설명을 드리고자 합니다. … 저는 매우 가볍고 튼튼하며, 운반하기 쉬운 다리를 건설하는 방법을 알고 있으며, … 배들을 공격하고 방어하기 위한 알맞은 방법들도 많이 알고 있습니다. … 또한 제가 가지고 있는 비밀스럽고, 아무도 모르게 지정된 장소에 소리 없이 도달하는 여러 가지 방법들은 개천이나 강 밑을 통과하는 데 없어서는 안 되는 것입니다. 제가 제작할 마차는 안전하고, 공격당하지 않을 것입니다. … 평화로울 때에는 누구든지 건축에 있어서는 동등한 능력이 있다고 믿습니다. … 또한 저는 누가 무엇을 하든지, 대상이 누구든지 간에 그림으로뿐만 아니라 … 조각으로도 표현해낼 수 있습니다. 나아가서 공작님의 부친에 대한 행복한 추억을 기리고 영원한 영광과 불멸의 명예를 위해 청동마 제작을 시작할 수 있습니다. … 앞에서 말한 것들 중 어느 것이라도 불가능하거나 실행할 수 없어 보인다면, 각하의 정원이건 혹은 각하가 원하시는 다른 장소에서라도 시범을 보일 준비가 되어 있습니다."(CA 1082, 391ar)

아래 왼쪽 레오나르도가 루도비코 일 모로(Ludovico il Moro) 공작에게 보낸 편지 원본. (「코덱스 아틸란티쿠스」의 폴리오). 대부분 전쟁기구에 대해 언급하고 있다.
아래 오른쪽 루도비코 공작의 초상화. 15세기 후반 미상의 롬바르드 화가가 그렸다.(팔라 스포르 체스카의 세부; 밀라노, 브레라)

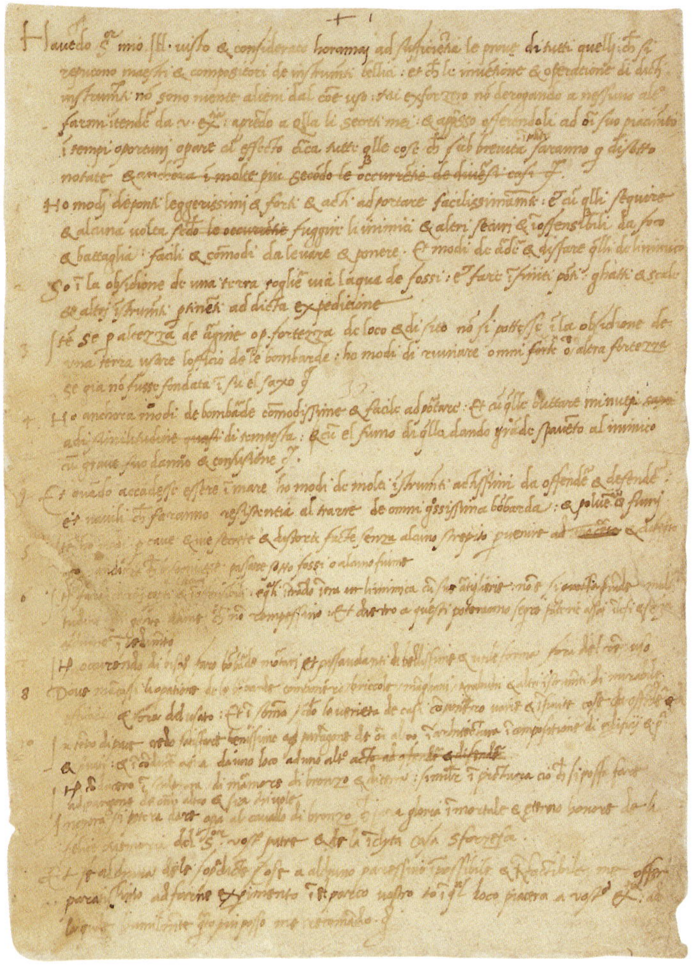

39-40 15세기 신원불명의 시에나파 과학 기술자 작, 낙하산에 대한 두 가지 연구 (런던, 영국도서관, Ms. Add. 34113, ff. 189v & 200v).

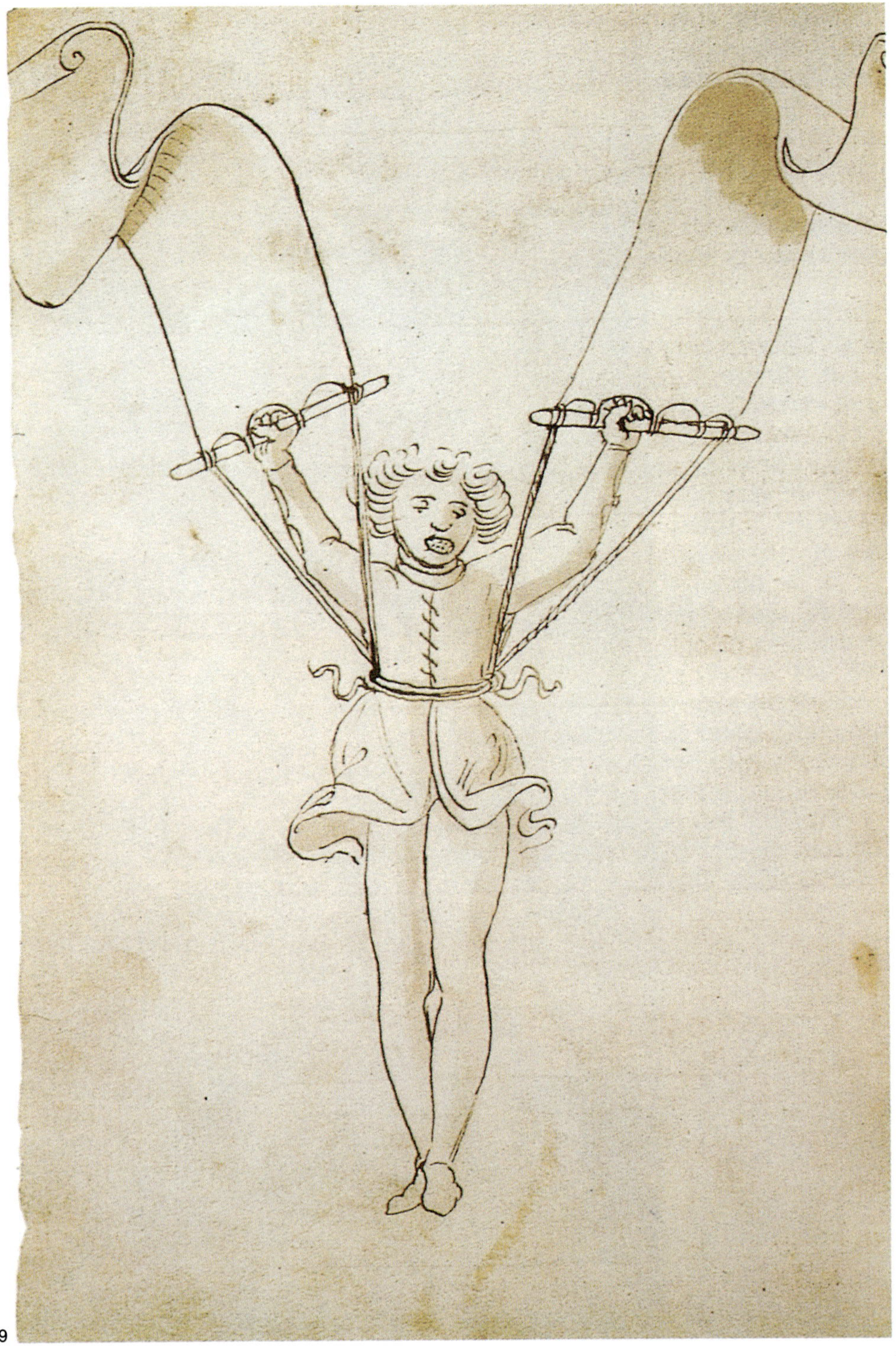

39

나게 하는데, 그럼에도 불구하고 레오나르도는 편지에서 비행기구에 대해서는 이야기하지 않았다.

이는 아마도 비행기구가 실제로 사용될 것처럼 보이지 않았었기 때문일 것이다. 엔지니어이자 아티스트로서 활동하기를 희망했던 레오나르도는 루도비코 일 모로 공작에게 자신을 소개하면서 능력에 대한 실용적인 모습을 강조했다. 확실히 발명품들은 경이로웠고 거의 불가사의한 것이었다. 하지만 그것들이 밀라노의 공작에게 군사적인 과업, 또는 민간 기술 부문에 실제로 사용될 수 있다는 것을 보여주어야만 했다. 밀라노 공작의 영지에서 필요한 것은 전쟁과 수력학에 대한 것이었다. 레오나르도는 편지의 말미에서 루도비코의 부친인 프란체스코 스포르차 Francesco Sforza의 기념물 고안을 언급하면서 자신의 예술적인 능력을 칭찬하기까지 했다.

레오나르도는 콰트로첸토의 시에나파 엔지니어들에게 크게 신세를 졌다고 할 수 있다. 그들은 바다 위아래 양쪽에서 인간의 항행술을 향상시키고 육지를 빠르게 이동하고 지하터널을 뚫는 장치를 연구하는 데 전념했다 그림 38. 이 엔지니어들은 적어도 두 가지 사례를 통해 공중에서의 인간의 움직임을 다루었는데, 낙하산과 거의 가망이 없어 보이는 두 개의 날개가 그것이었다 그림 39, 40; 영국도서관, Ms. Add. 34113, ff.189v & 220v.

루도비코 공작에게 보낸 편지에서 레오나르도는 항행술과 지하 굴착, 두 가지에 대해 언급하고 있다. 레오나르도는 초기 연구에서 심지어 배 모양을 딴 비행기구를 설계했다 그림 12, 14; CA 156r & 860r. 비행이라고 하는 것은 새롭고 대담한 예술이자 최후의 도전이기는 하지만, 추론에 기초하는 과학적 사고가 있

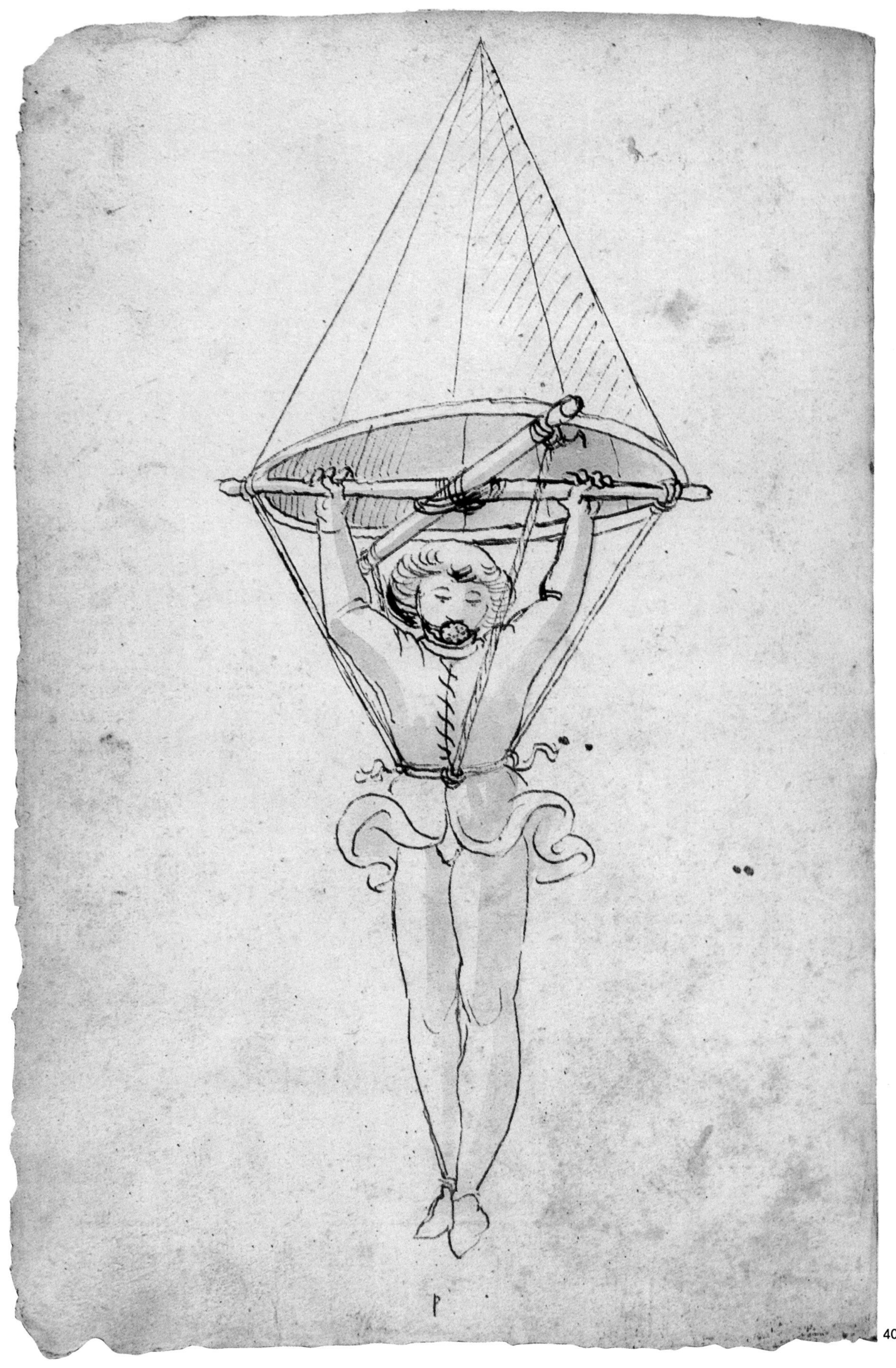

41-43, 45 안드레아 피사노(Andrea Pisano, 1290~1348년) 작, 공학 기술과 인문 예술과 다이달로스의 신화를 묘사하는 조토의 종탑 아랫부분에 새겨진 조각들. 인간 비행의 꿈을 가능성 있게 암시할 뿐만 아니라, 최초의 기술자를 표현하고 있다(그림 45).

44 코시모 로셀리(Cosimo Rosselli) 작, 〈성 필립포 베니치의 소명〉(The Vocation of St. Filippo Benizzi, 피렌체, 산티시마 아눈치아타), 구리로 만든 구(球)형의 산타마리아 델 피오레 쿠폴라(둥근 지붕)의 세부: 프레스코는 1475년 이전에 그려졌다. 즉 레오나르도가 있었을 당시 베로키오 공방에서 만든 구가 돔에 올려진 지 그리 오래되지 않았을 때이다.

41

42

43

44

어야 상상이 가능하다. 만약 사람이 물고기처럼 물속에서 헤엄치는 것이 가능하다면, 새처럼 날아오를 수 있을 것이라는 추론 말이다.

14세기 중반에 피렌체의 산타 마리아 델 피오레 Santa Maria del Fiore 대성당 옆에 있는 조토 Giotto[8]의 종탑 **그림 41** 아랫부분에 일련의 조각이 새겨진 판들이 장식되었다. 개략적인 주제는 인간의 창조와 기계적이고 진보적인 예술이다 **그림 42, 43, 45**. 이 판들의 한쪽은 항해술을 나타내며 **그림 42**, 다른 쪽은 날고 싶은 인간의 바람을 분명히 암시하는 다이달로스 Daedalus[9]의 신화를 묘사하고 있다 **그림 45**.

거의 한 세기가 지난 후, 콰트로첸토 피렌체파의 예술적이고 공학기술적인 측면에서 가장 의미 있는 사업인, 산타 마리아 델 피오레 대성당을 위해 제작된 브루넬레스키의 돔 Brunelleschi's dome이 조토의 종탑에 새겨진 조각판 곁에 세워진다. 이 판들은 14세기와 15세기 사이에 끓어오르던 문화적 분위기를 일목요연하게 보여주고 있으며, 토스카나 지방 Tuscany에서 아티스트-엔지니어에 의해 표현된 것들보다 더 많은 것들을 포함하고 있다.

인간 비행에 대한 도전은 이런 매우 독창적인 분위기 속에서 종탑에 새겨진 조각판이 보여주듯이, 안드레아 피사노 Andrea Pisano와 시에나파 엔지니어들의 노력 덕분에 이미 완성 직전 단계에 와 있었다. 레오나르도는 이런 도전을 받아들여 이를 연구의 최고점에까지 이끌고 간다.

8) Giotto di Bondone: 1266~1337년, 이탈리아의 화가 · 건축가.

9) Daedalus: 그리스 신화에서 크레타(Crete) 섬의 미로 및 비행 날개를 만든 명장.

45

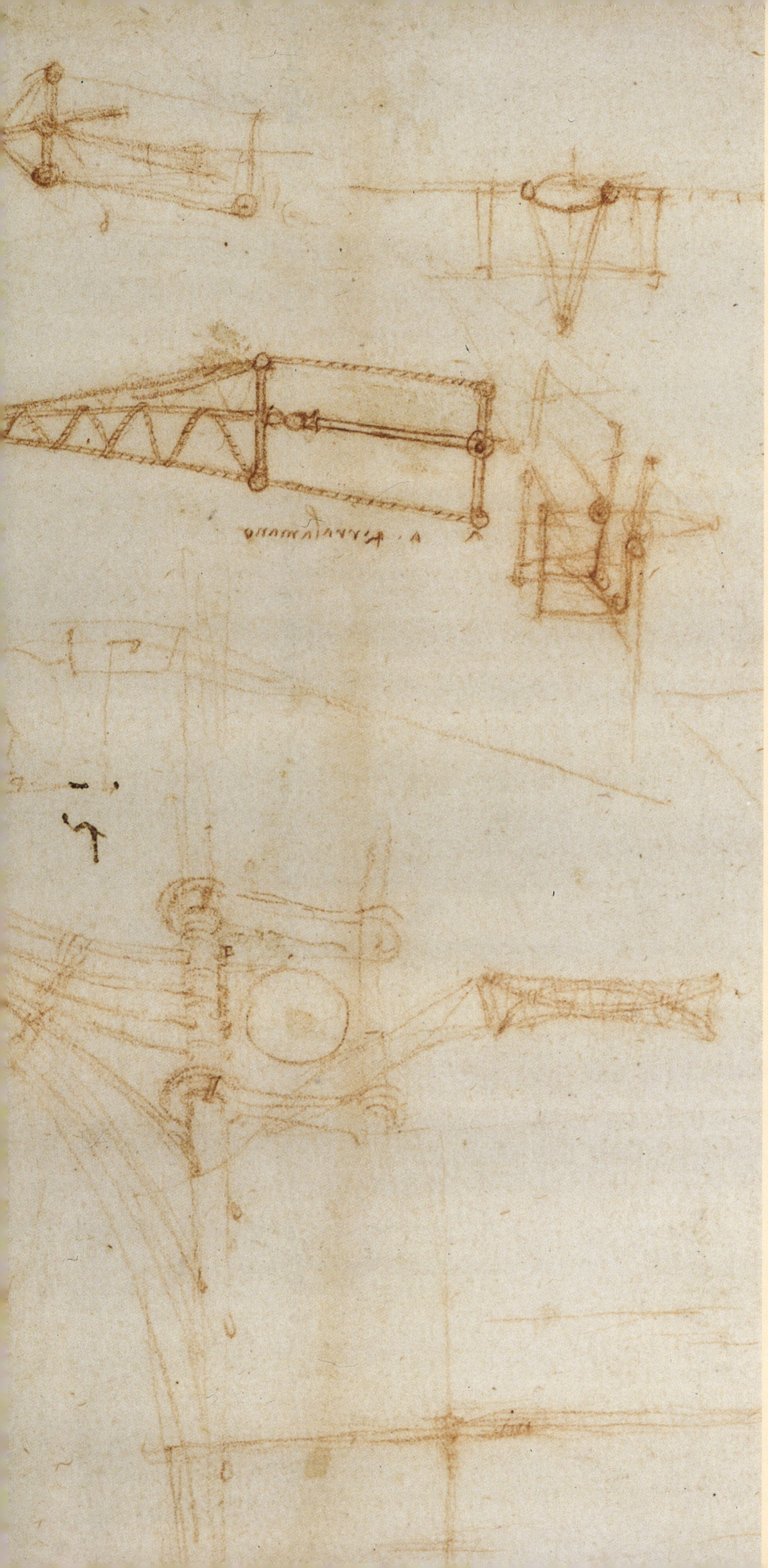

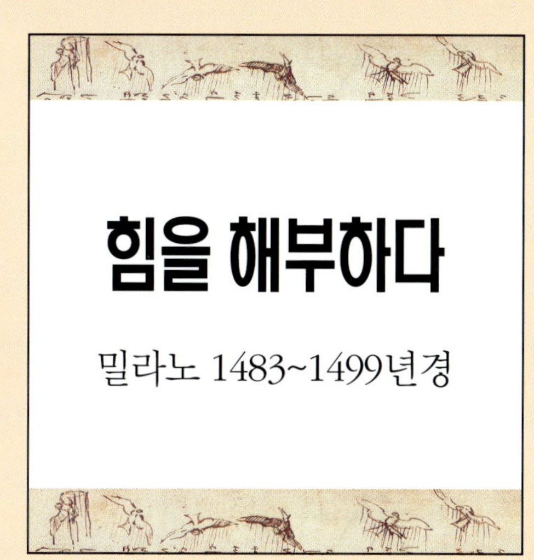

힘을 해부하다

밀라노 1483~1499년경

1483년 밀라노에 도착한 레오나르도는 약 10년간 비행기구에 대한 연구로 열정적인 시간을 보낸다.

그는 루도비코Ludovico il Moro를 위해 일하는 동안에 특히 해부학과 기계학 분야에 있어서 이론적인 연구를 강화하고 발전시킨다. 이 연구는 인간의 비행에 관한 그의 노력이 유용하다는 것을 증명한다.

그는 인체가 가진 힘을 최대한 사용하는 비행기구의 모델들을 정성들여 만든다.

동물학적인 관점, 즉 그의 초기 연구에서 근간을 이루는 원리는 이른바 '오니솝터ornithopter'[10]로 알려진 '비행선flying ship'에 대한 디자인과 함께 이제는 부차적인 것이 된다.

이런 작업 단계에서 색다른 일들이 발생한다. 활공에 대한 연구는 매우 흥미로운 진전을 나타내기 시작한다.

10) ornithopter : 날개를 상하로 흔들면서 날던 초기의 비행기계.

앞 페이지
비행기구에 대한 연구 (1493~1495년경; CA 70br).

1-4 「코덱스 아틀란티쿠스」의 폴리오(1493~1495년경; 1006v, 전체 그림 및 세부)에서 레오나르도는 두오모 근처 자신의 밀라노 공방 천장에 매달려 있던 비행기구를 그리고 그에 대해 기록하였다. 밀라노 공방은 레오나르도가 프란체스코 스포르차를 기념하는 거대한 마상을 작업했던 곳이기도 하다(1490년경; W 12358r; 그림 3). 그림 4는 공방이 있던 지역이다.

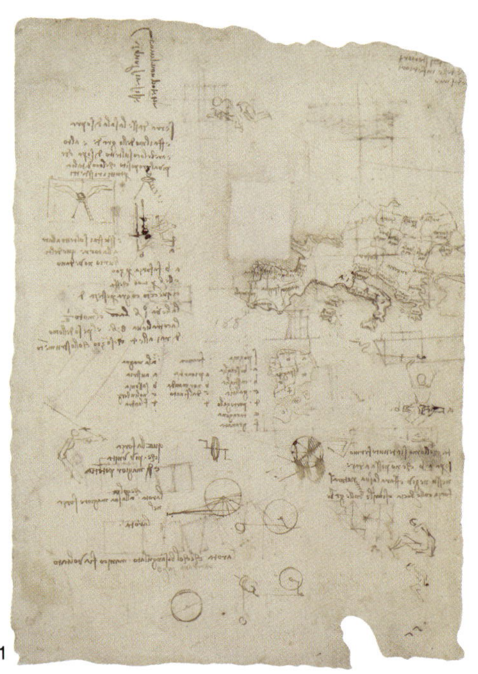
1

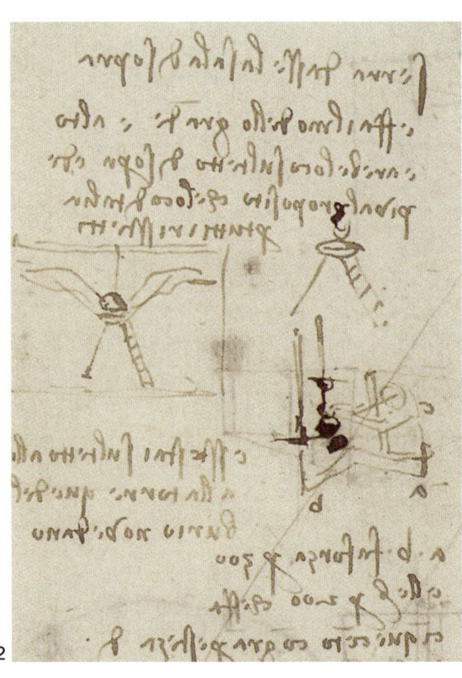
2

3

비밀스럽게 진행된 실험

'꼭대기 공간을 판자로 덮고, 모델을 높고 넓게 만들어라. 그러면 지붕에 충분한 공간이 생기고, 그렇게 되면 그것은 이탈리아의 다른 어떤 곳보다 더 높게 된다. 탑과 나란한 지붕 위에 있으면, 사람들은 지붕의 삼각형 창문 tiburium을 통해 너를 볼 수 없다.' CA 1006v

「코덱스 아틀란티쿠스」의 폴리오에 있는 이 기록은 비행기구 그림 1, 2에 대한 두 장의 스케치 옆에 적혀 있으며, 다소 이상한 방법으로 그 장치를 시험하려는 시도에 대해 언급하고 있다.

1490년대 초기를 기준으로 생각해 보면, 레오나르도는 약 10년 동안 밀라노에 있었다. 루도비코 일 모로는 카스텔로 스포르체스코 Castello Sforzesco로 가기 전인 1467년에 자신이 머물던 올드코트 Old Court의 일부분을 레오나르도가 사용할 수 있도록 해 주었다.

올드코트는 지금의 레알 궁전 the Palazzo Reale이 자리한 대성당 옆에 위치해 있었고 그림 4, 루도비코 일 모로는 이곳에서 중요한 손님들을 접대하고는 했다. 레오나르도는 이곳에 자신의 집과 공방을 정하고, 프란체스코 스포르차 Francesco Sforza를 기념하는 기마상을 제작하는 일을 진행하면서, 비행기구를 시험해 보려 하였다. 기마상은 루도비코가 주문한 것이었다.

스포르차 궁의 시인들은 그것을 '거상'으로 묘사했는데, 그 말의 높이는 무려 7m가 넘었다 그림 3; 로마의 카피톨리네 언덕[11]에 있는 마르쿠스 아우렐리우스 Marcus Aurelius Antoninus[12]의 기마상과 베로키오가 제작한 베네치아에 있는 콜레오니의 기념비는 각각의 높이가

11) the Capitoline Hill : 옛 로마의 일곱 개의 언덕 중 하나.

4

5 프란체스코 스포르차의 기마상 을 주조하기 위한 연구 (1490~1492년경; W 12349r).

6 인체의 다양한 자세에 따른 비율에 대한 연구 (1488~1490년경; W 12132r).

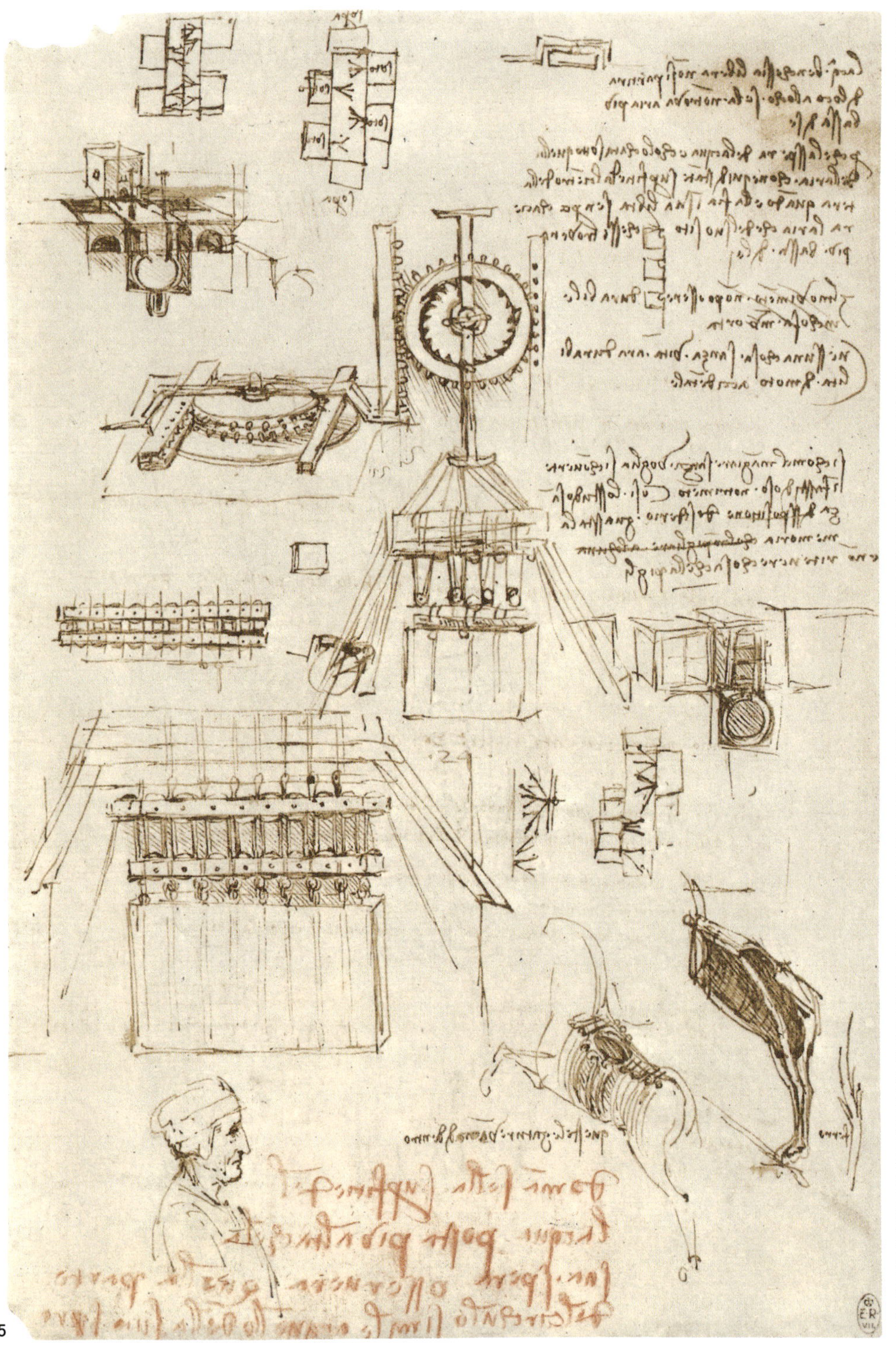
5

약 4m이다.

레오나르도는 점토를 이용한 '흙으로 만든' 모델과 청동을 넣어 주조하기 위한 석고 틀을 준비했다 그림 5. 이 프로젝트는 밀라노에 있는 모든 이들에게 경외감과 깊은 감동을 주었는데, 이는 레오나르도가 산타 마리아 델레 그라치에Santa Maria delle Grazie 수도원의 식당에 그려서 명작이 된 〈최후의 만찬〉만큼이나 영향력이 대단했다 그림 42~44.

비행기구가 가능했더라면 더욱더 많은 경외감과 놀라움을 주었을 것이다. 그럼에도 불구하고 레오나르도는 그의 프로젝트를 지각 없는 사람들로부터 당분간은 숨기기로 했다. 시작 부분의 인용문을 통해 추측해 보면, 그런 이유로 그는 비행기구의 모델을 제작할, 궁전에 있는 자신의 방 중 하나를 폐쇄하려 했다.

이러한 복잡한 상황 중에 있던 그 작은 스케치는 아마도 방 천장의 줄에 매달려 있던 기구를 묘사하는 것으로 생각된다. 그림에는 트레슬 형태의 착륙장치뿐만 아니라 날개들도 나타나 있다. 그 기구는, 나중에 근처 대성당의 지붕 창문에서 일하는 누구에게도 노출되지 않도록 지붕 위에서 관측되지 않는 주변 탑의 면에 배치되어야 했다.

실험은 열정적인 이론 작업이 뒷받침되었는데, 그는 자신의 연구에 대한 중요한 견해로 동물세계에 대한 생각을 계속해서 반추하고 싶었을 것이다. 그러나 1480~1490년대 사이에 그의 관심은 인체의 행동 방향과 역학적인 잠재능력에 끌리고 있었다. 이러한 '인간 중심적인anthropocentric' 연구에 관한 새로

12) Marcus Aurelius Antoninus : A.D. 121~180년, 로마 황제이자 철학자.

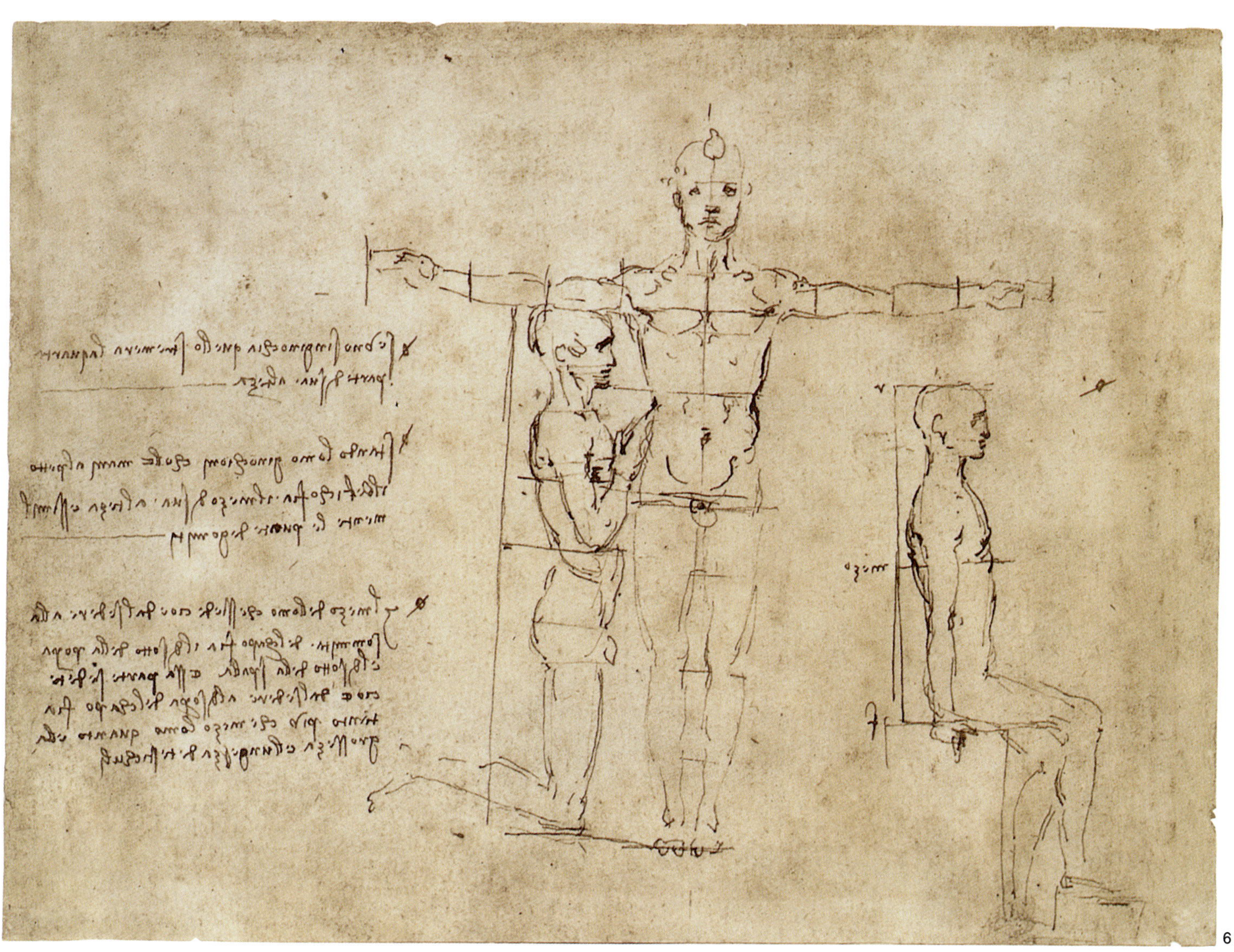

6

7 인체의 다양한 자세에 따른 역동 가능성에 대한 연구. (A 30v)

8 인체의 다양한 자세에 따른 비율에 대한 연구 (1488~1490년경; W 12136v, 세부).

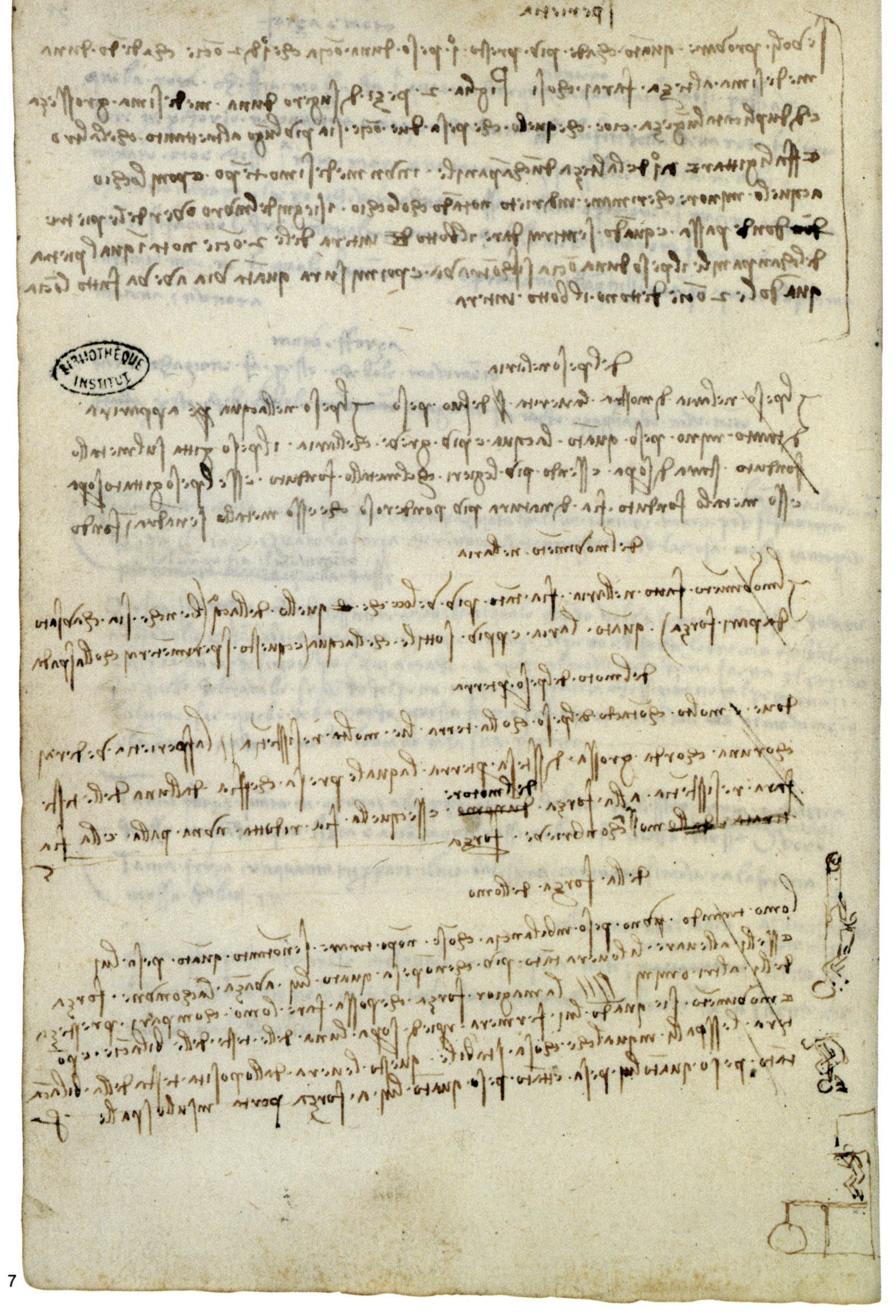

7

운 지평은 인간 비행에 대해 레오나르도가 가진 아이디어를 발전시키는 통로가 된다.

인체의 역학적인 잠재능력

1483년경 밀라노에 도착할 당시 레오나르도는 루도비코에게 보낸 편지에서 자신이 가진 감탄할 만한 기술적 수행능력을 자랑했음에도 불구하고, 확실한 이론적 교양을 갖추지 못했으며, 주요 문서와 상류 사회에서 사용하는 라틴어를 모르는 상태였다. 그래서 그는 라틴어를 배우기 시작하면서, 동시에 세련된 사람들과 교제를 나누기를 원했는데, 그 이유는 사람들로부터 연구할 책과 연구에 필요한 더 좋은 자료들을 얻기 위해서였다.

그가 최초로 연구한 분야 중 하나는 기계학이다. 그는 당시의 비망록에 '무게de ponderibus, 1489년경; CA 611ar를 알려준 브레라Brera의 수도사를 택하라.' 라고 쓰고 있다. 우리는 브레라의 수도사가 누구인지 알지 못한다. 그렇지만 무게의 과학, 즉 무게정역학와 움직임동역학이 발생하는 원인 또는 힘, 그리고 그것들의 본질적인 특성운동학에 대해 다루는 것이 기계학임을 알 수 있다.

비행에 관한 레오나르도의 연구는 1480년대와 1490년대 사이에 밀라노에서 진행되었으며, 인체의 해부학과 운동이라는 두 가지 분야에서 연구의 결실을 맺었다.

1489~1490년경, 레오나르도는 인체의 치수와 비율에 대한 체계적인 연구에 착수한다 그림 6, 8, 9. 이들 연구의 가장 독특한 양상 중 하나는 그가 측정한 신체 치수들이 고정된 단 한 가지 자세만이 아니라 다양한 자세에서 만들어진다는 것이다. 또한 인체의 자세가 바뀌는 것에 따라 가능한 모든 변화들이 연구되었고, 치수는 꼭 서 있는 자세뿐만 아니라 무릎

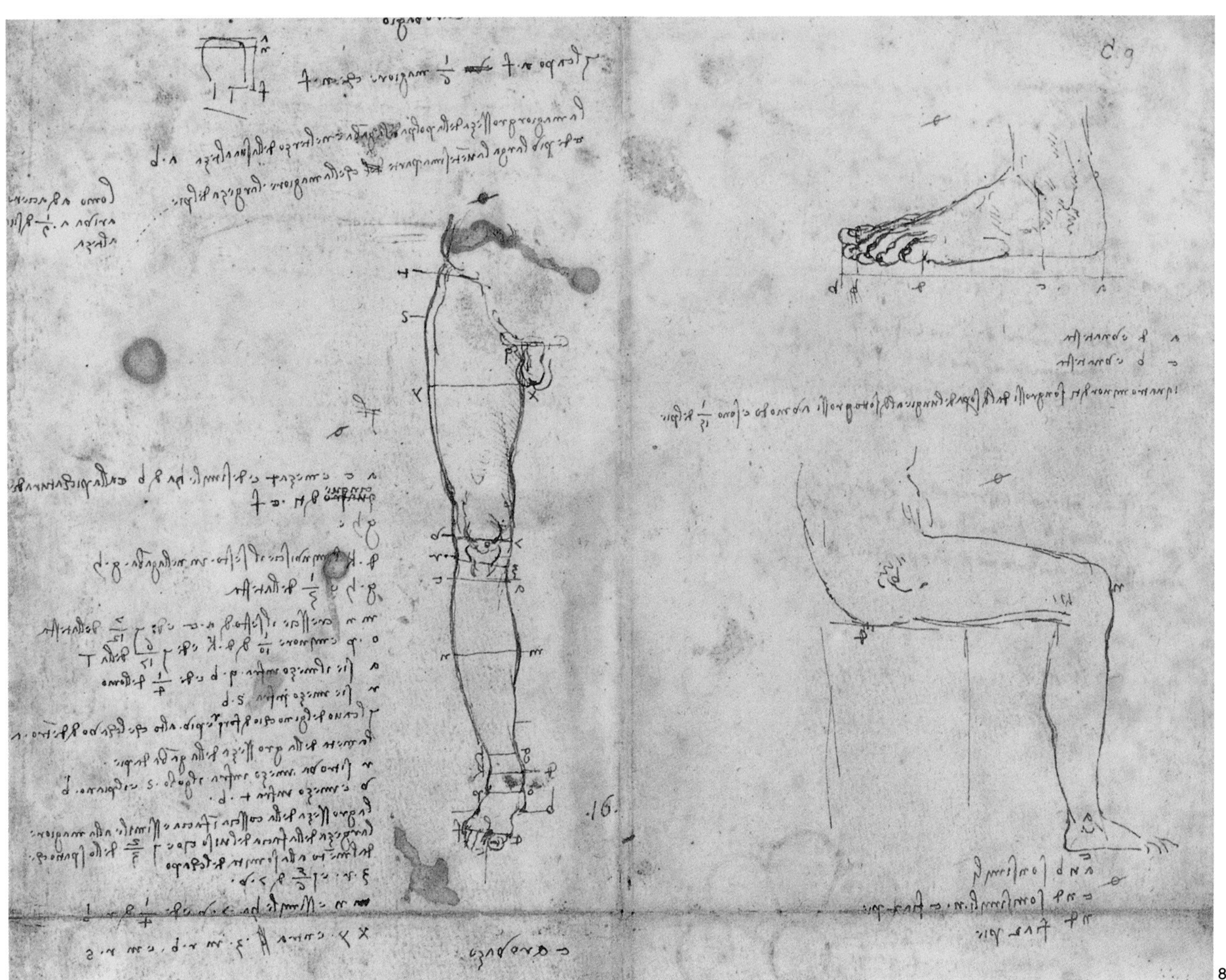

8

9 인체의 비율 측정 및 동역학적 가능성(1488~1490년경; W19136v).

10 인체의 비율과 동역학적 가능성에 대한 연구(B3v).

11-12 비행의 동역학적 가능성에 대한 연구(1485년경; CA1058v).

13 인체의 동역학적 가능성에 대한 연구(B 90v 페이지 중반부에 있는 연구).

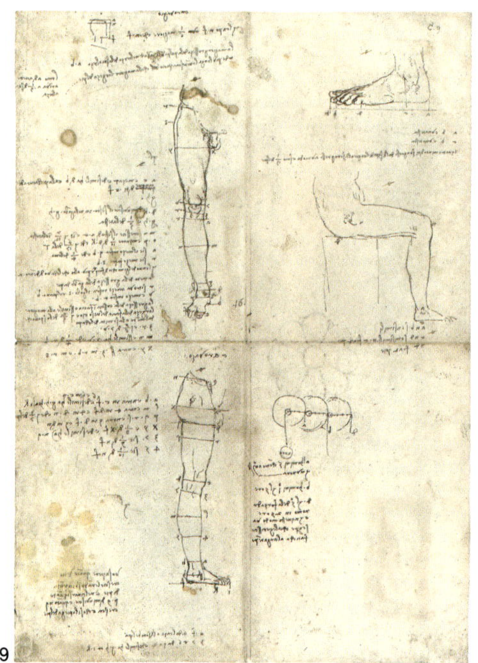
9

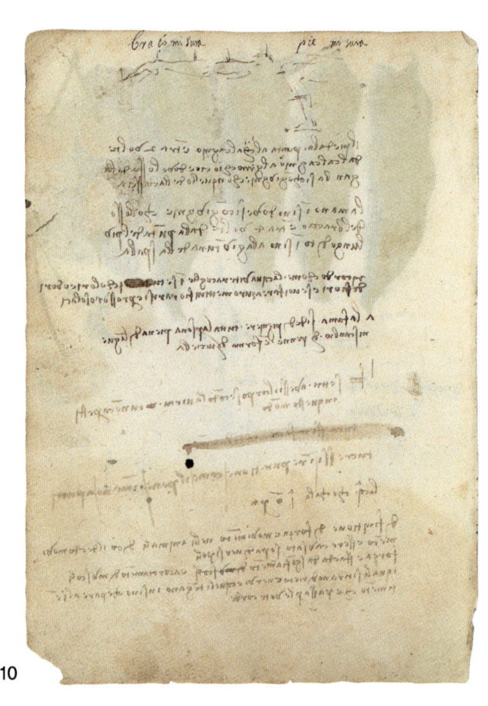
10

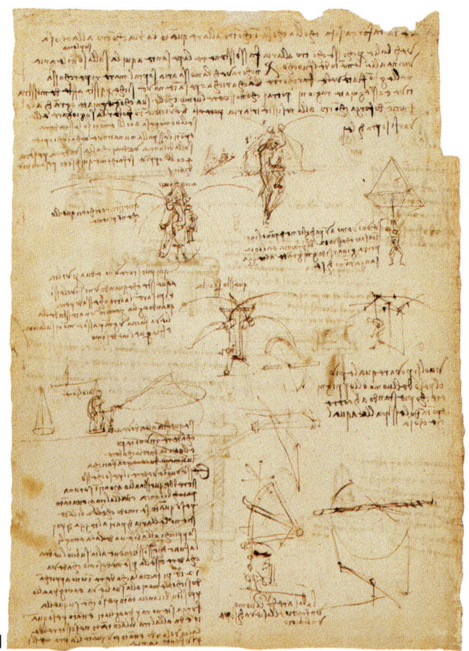
11

12

을 꿇거나 앉아 있는 자세 등, 여러 측면에서 측정되었다W19132r.

레오나르도는 해부학과 응용된 기계학의 유사한 시스템을 이용하는 것뿐만 아니라, 치수와 비율에 연관된 동역학도 연구하고 그림 7, 9, 22, 힘을 생성하는 인간의 능력이 몸의 자세와 관련하여 어떻게 변화하는가에 대해서도 연구했다.

때때로 두 가지 형태의 연구들은 또 다른 것과 연관되어 있으며, 심지어 같은 폴리오에서 나타나기도 한다. 예: 그림 9; W 19136-19139v 또는 그림 10; B 3v

비행그림 11; CA1058v에 관한 레오나르도의 최초 작업으로 여겨지는, 밀라노에서 작성된 연구 총서에는 인체의 동역학에 대한 문체상으로 유사한 연구와 도면들이 자주 등장하고 있다. 예를 들어 레오나르도는 거대한 저울 위에 사람을 놓고 역학적 힘을 계산한다 그림 11, 12, 세부; 폴리오의 하부 좌측 모서리의 그림.

이 경우에 있어서 사람은 비행기구 안에 있게 된다. 이 상황은 사람이 저울 위에 있으면서, 기계를 작동하여 날개를 움직이고 있는 것이다.

또한 같은 폴리오에서 레오나르도는 스스로에게 '사람의 무게가 정상적인 조건, 즉 똑바로 서 있으면서 발로 밀거나 혹은 반듯이 누운 자세로 미는 등의 조건에서 측정될 때 더 무거워진다면?' 하고 자문하고 있다. 실제로 한 그림그림 11 왼쪽 위에서, 그는 동일한 기계에 두 사람을 배치하고, 한 사람이 움직이는 동안 다른 사람은 쉴 수 있게 했다.

또 다른 예는 「필사본 B」그림 13의 폴리오 9V에서 발견되는데, 레오나르도는 여기에서 인체의 무게 200피렌체 리브레, 약 68kg에 해당하는 힘이 몸의 다른 움직임과 자세에 따라 어떻

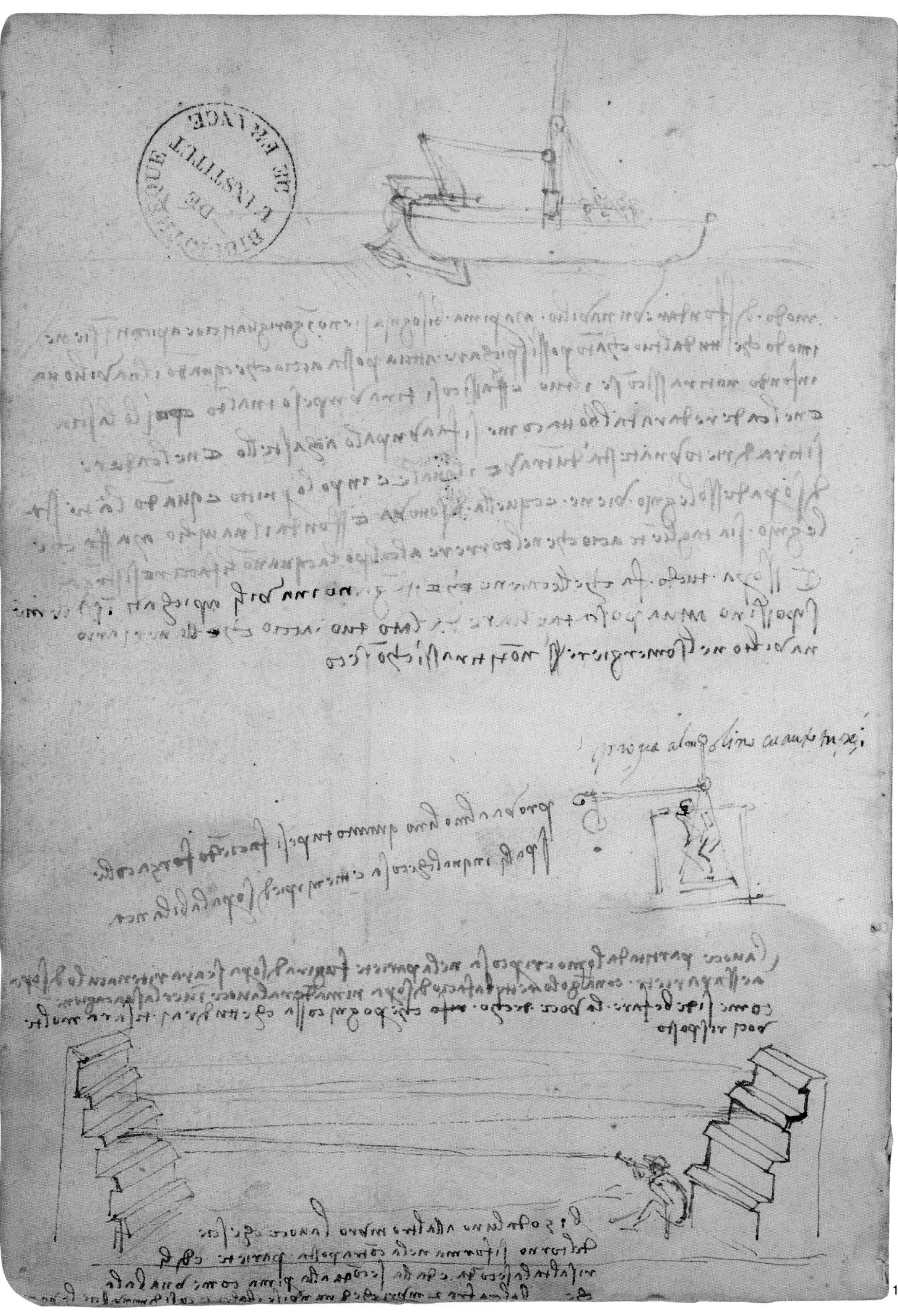

14–16 인체의 다양한 자세에 대한 동역학적 가능성에 대한 연구. 비행기구를 언급하고 있는 폴리오에 있다 (1493~1495년경; CA1006v, 세부).

17–18 인간의 힘으로 기계 날개를 시험하기 위한 실험과 레오나르도의 그림을 토대로 한 장치의 모델.

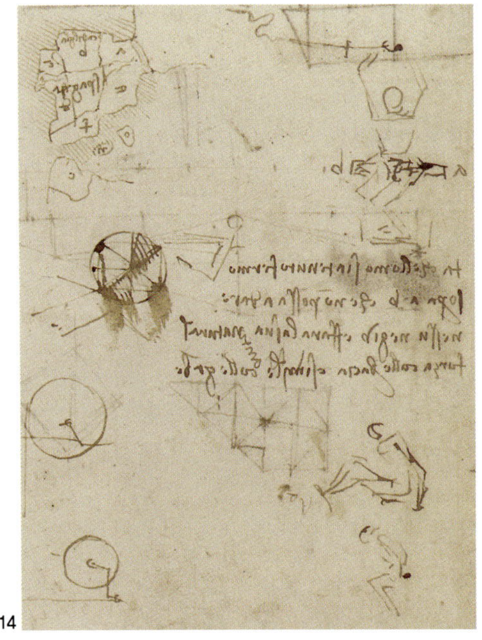
14

15

16

게 증가하는가를 보여주려 하고 있다. 저울대에 어깨 부분을 두어 힘을 가하는 것과 저울을 발로 미는 것으로, 무게-힘은 400파운드에 도달하여 배가 된다.

인체의 동역학과 비행에 대한 연구 가운데 또 다른 매우 분명한 예는 실험 계획을 담은 「코덱스 아틀란티쿠스」의 폴리오이며, 그 실험은 올드코트에서 할 예정이었다 그림 1; 1493~1495년경; 1006v.

폴리오 전반에 걸쳐 나타나는 작은 스케치들에서는 인체의 동역학을 일곱 가지의 다른 자세에서 연구하고 있다 그림 14~16. 이 모든 연구들이 기계 안에 있는 조종사를 참고했는지 안 했는지는 분명하지 않다. 그렇다 하더라도 인체의 활동능력에 대한 연구와 인간 비행을 위한 디자인을 놓고 볼 때, 이들 간의 유사하거나 중복되는 부분은 주목할 만한 것이다. 사실 그 문제의 핵심은 비행기에 필요한 충분한 힘을 간단하게 생산하는 데 있다.

이 시기에 레오나르도는 기계학 연구에 대해 상당한 진전을 이루었을 뿐만 아니라, 물리학의 이론적인 연구에 관해서도 과감하게 도전을 한다.

우리가 이미 「코덱스 아틀란티쿠스」에서 본 폴리오 그림 11; 1058v 중 하나는 물리학과 동역학에 기초한 인간의 비행에 대해 순수한 이론적 가능성을 제기하는 것으로 다음과 같이 시작된다.

'물체가 공기 중에 미치는 힘은 공기가 그 물체에 가하는 힘과 동일하다. 공기가 날개에 부딪칠 때, 불의 원리와 유사하게, 그 날개가 무거운 독수리를 어떻게 공기가 희박한 높은 상공으로 날아오르게 하는가를 보라.'

실제로 뉴턴 학설의 '항공역학적 상호성'이 이를 증명하고 있다. 즉 비행은 날개와 공

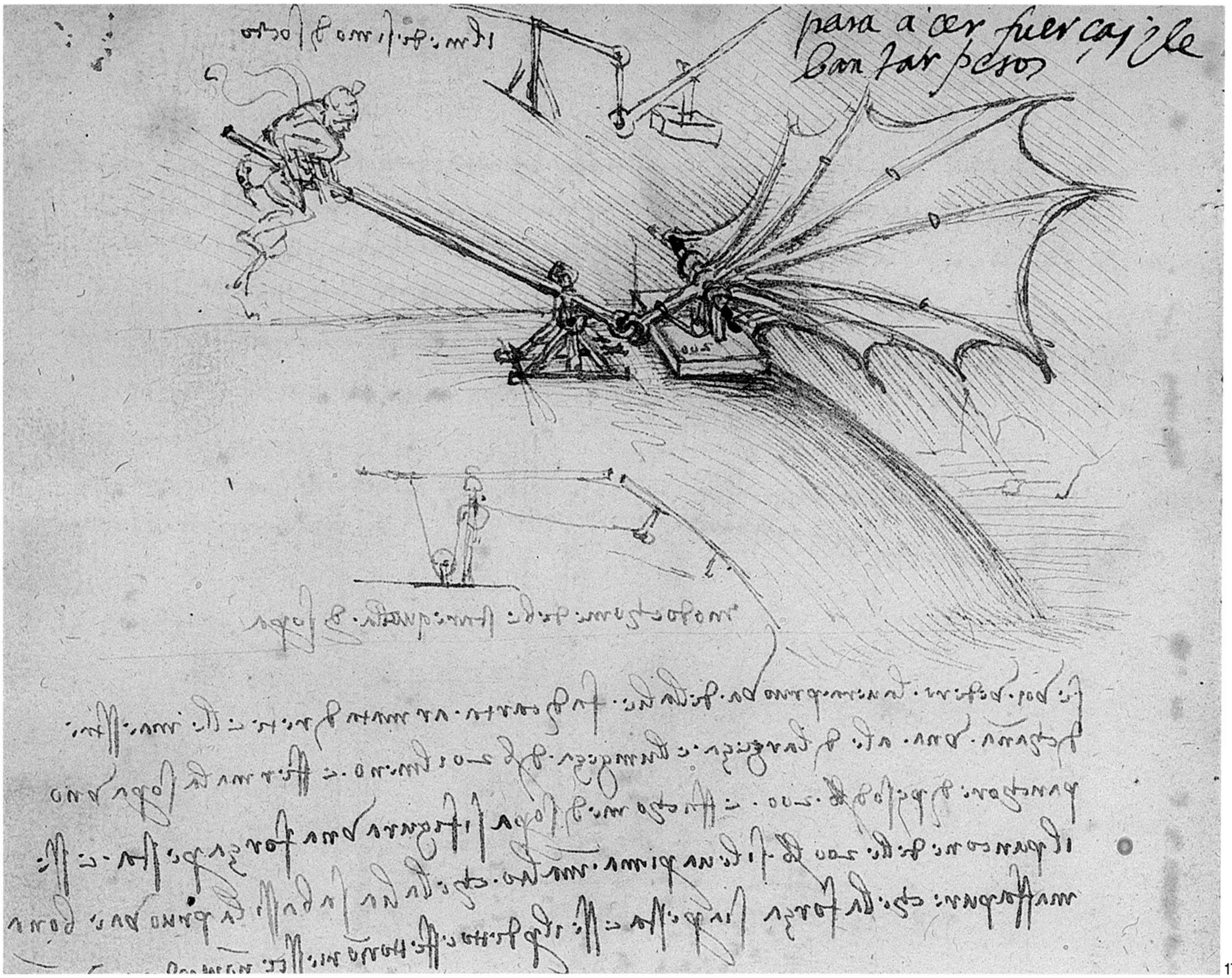

17

18

19-20 에어리얼 스크루 (aerial screw, B 83v)와 레오나르도의 그림을 토대로 만든 모델.

21 비행기구로 사용될 다양한 기계 고안물들과 인체가 화합했을 경우의 동적인 잠재능력에 대한 연구 (1487~1489년경; CA 873r).

19

20

기 사이에서 일어나는 역동적인 작용의 결과에 따른 순수한 무의식적인 현상인 것이다.

날개를 칠 때날개를 위아래로 움직이는 동작 날개는 공기를 치게 되고, 공기에 의해 반대편 방향으로 밀쳐진다. 레오나르도가 사용하는 예에서 독수리가 공기 중에서 날개를 칠 때, 마치 배의 돛에 바람이 압력을 가하는 것처럼, 공기는 새가 계속해서 비행을 하도록 반대편 방향으로 힘을 가하게 된다.

「코덱스 트리불치아누스Codex Trivulzianus」에 있는, 레오나르도의 가장 큰 특징 중 몇 가지를 포함하는 기록은 그가 밀라노에 있던 처음 시기를 기록하고 있다. 그는 이 이론을 더욱 완전하게 설명하면서 물리학에 있어서 또 하나의 중요한 개념인 '공기는 압축될 수 있다.' 는 것을 소개하고 있다.

레오나르도에 따르면 물과 특성이 다른 공기는 주변으로 새어나가지 못하게 하고 빠르게 압축하면 응축될 수 있다.

'물이 아닌 공기는 눌려질 수 있다. 새어나가는 것보다 더 빠르게 추력을 가하면, 모터에 가까워질수록 그 부분은 더욱 밀도가 높아지며, 따라서 반발도 더욱 커진다.'

이 이론은 당시에 가장 놀랄 만한 실험 중 한 가지를 돋보이게 하는데그림 17; B88v, 레오나르도는 무게가 200피렌체 리브레약 68kg인 두꺼운 판자에 밑부분을 고정한, 얇은 막을 씌운 날개를 언덕 끝에 배치하는 계획을 한다. 여기에는 날개가 동작할 때 두꺼운 판자를 들어올리기 위해 수동으로 조작되는 손잡이가 장치된다. 사람이 손잡이를 재빠르게 작동시킬 수 있으면 모든 일은 순조롭게 진행될 수 있는 것이었다.

이와 흡사하게, 이른바 '에어리얼 스크루 aerial screw' 라 불리는 것은, 공기는 '구멍을

뚫을 수 있는' 유형의 밀도를 가지고 있다는 아이디어를 기반으로 하고 있다. 따라서 적절한 크기의 속력을 낼 수 있는, 즉 '빠르게 회전할 수 있는' 나사 형태의 기구는 상승할 수 있다는 것이다.

이 나선 작용이 어떻게 실현될 것인가에 대해서는 분명하지가 않다. 아마도 하나의 줄이 중앙의 드럼 주위에 감겼다가 방적용 실패와 같이 빠르게 풀렸을 수도 있으며, 두 명 또는 그 이상의 사람들이 중심축에서 수평으로 고정되어 있는 막대 손잡이를 밀었을 수도 있다.

이렇게 반추된 모든 것을 기반으로, 인간의 비행은 단순히 동역학의 문제가 된다. 즉 어떻게 하면 공기를 압축할 수 있는 충분한 힘과 속도를 가지고 기계 날개를 퍼덕여서 떠오르게 할 수 있을까 하는 것이다. 조종사는 단지 힘을 발생시킬 뿐인데, 주요 의문점은 동력의 효과를 최대화하기 위해 어떻게 운전자를 배치하고 움직였을까 하는 것이다. 인체의 활동적 잠재능력에 관한 그의 연구는 이러한 관계를 증명하고 있다.

힘의 이미지 : 필사본 B에 있는 비행선

레오나르도는 비슷한 생각의 과정을 이용해서, 힘을 전달하는 선을 도식화하여 인체를 묘사하고, 이를 기계적인 변속장치 그림 21, 24; CA 873r, B 88r와 접목하여 그것들의 상호 작용을 통해 인체를 연구한다.

이 기간 동안 그는 자신의 가장 놀라운 프로젝트 중 한 가지를 계속한다 그림 25; B 80r. 그것은 반구형 선체 모양의 비행기구이다. 이 기구의 중앙에는 조종사가 서 있고 네 개의 홰치는 날개가 달려 있다.

인간의 비행을 위한 단 한 가지 프로젝트

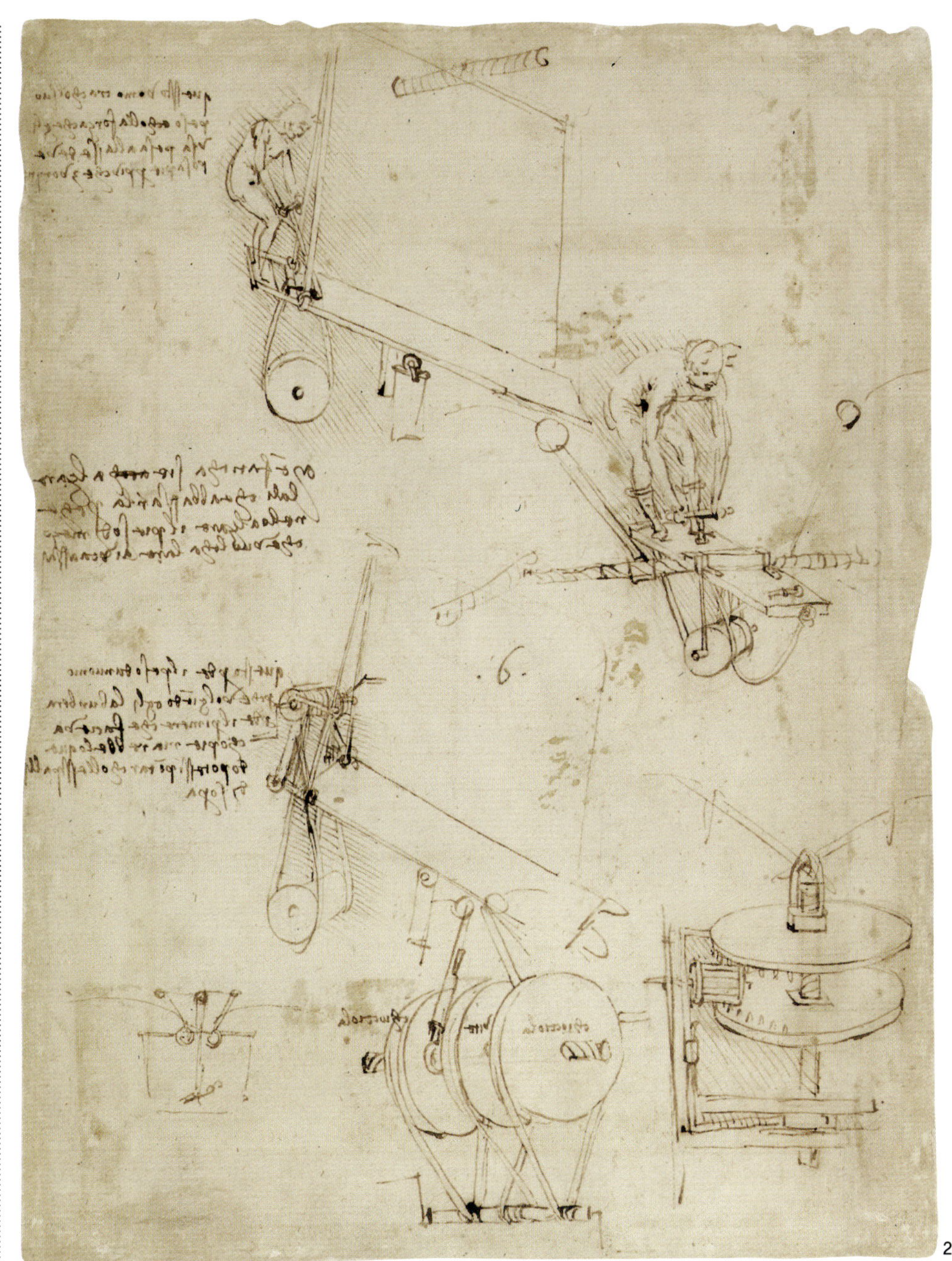

21

22 굴뚝 안에 있는 청소부의 동적인 잠재능력에 대한 연구 (CF III 19v).

23, 25 레오나르도의 그림이 토대가 된 비행선(B 80r)과 모델.

24 인체와 화합했을 경우 동적인 잠재능력에 대한 연구 (B 88r, 세부).

22

23

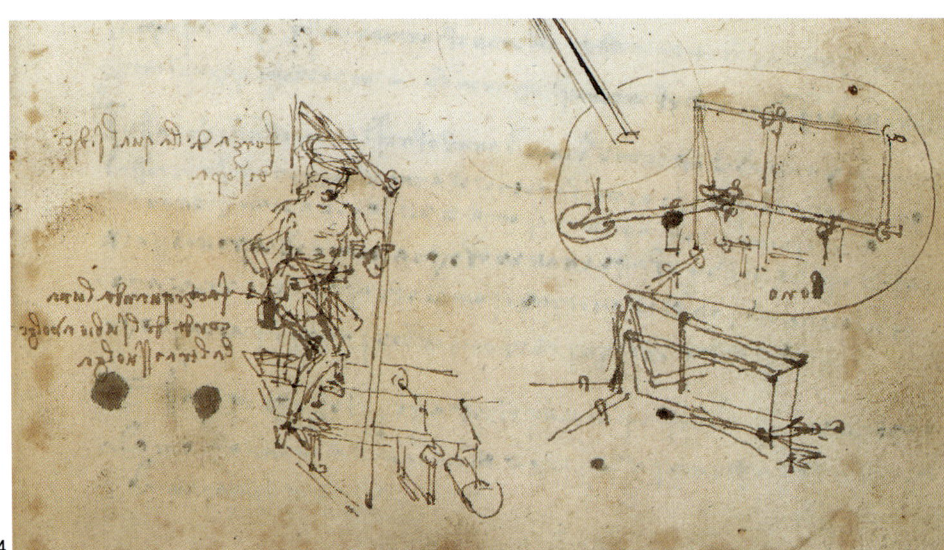
24

보다 더 크고 많은 의미를 주는 것이 바로 힘의 도해이다. 이것은 사람의 몸과 그 몸이 속해 있는 구조물을 공기 중으로 들어올리기 위한 충분한 힘을 인체로부터 어떻게 일으키는가에 대해 레오나르도가 내놓은 대답이다. 기구의 중심부에서 몸을 웅크린 조종사는 발로 두 개의 페달을 젓고 손으로 크랭크를 돌릴 뿐 아니라 머리와 목, 어깨로도 힘을 일으킨다.

이 프로젝트는 힘을 전달하는 선을 위한 기본적인 뼈대이며, 일찍부터 제시된 인체의 동역학에 관한 레오나르도의 스케치와 매우 유사하다.

비좁은 내부 공간 역시 이러한 연구들, 즉 좁은 굴뚝 안에 있는 청소부의 동적인 잠재능력에 대한 분석그림 22; 1493~1496년경; CF III 19 v에서 발견된 또 다른 예와 매우 유사하다. 비행 중에 조종사가 어떻게 기구의 방향을 돌릴 것인가 하는 그의 계획에는 비행기술에 대한 어떠한 기록이나 언급도 발견되지 않는다. 조종사는 단순히 지면에서 비행기구가 떠오르도록 힘을 발생시켜야만 하는 거의 '기계적인 조작사automatic pilot'인 것이다.

레오나르도는 또한 힘을 전달받아 날갯짓을 하는 장치를 생각해 낸다. 원론적으로는 위아래로 위치한 두 개의 원통에 감긴 줄을 사용하는데, 그 줄은 상하운동 중에 교대로 미끄러져 들어간다. 줄에는 각각의 막대에 부착된 두 개의 날개가 연결되어 있는데, 줄 하나가 위로 갈 때 그 줄에 연결된 날개들은 내려가고 반대편 가지에 연결된 날개들은 줄이 내려가면서 올라간다.

이러한 기구의 구성은 이전의 연구에서도 가끔 나타났지만, 이때부터는 레오나르도의 연구에서 우위를 점한다. 그렇지만 그것은

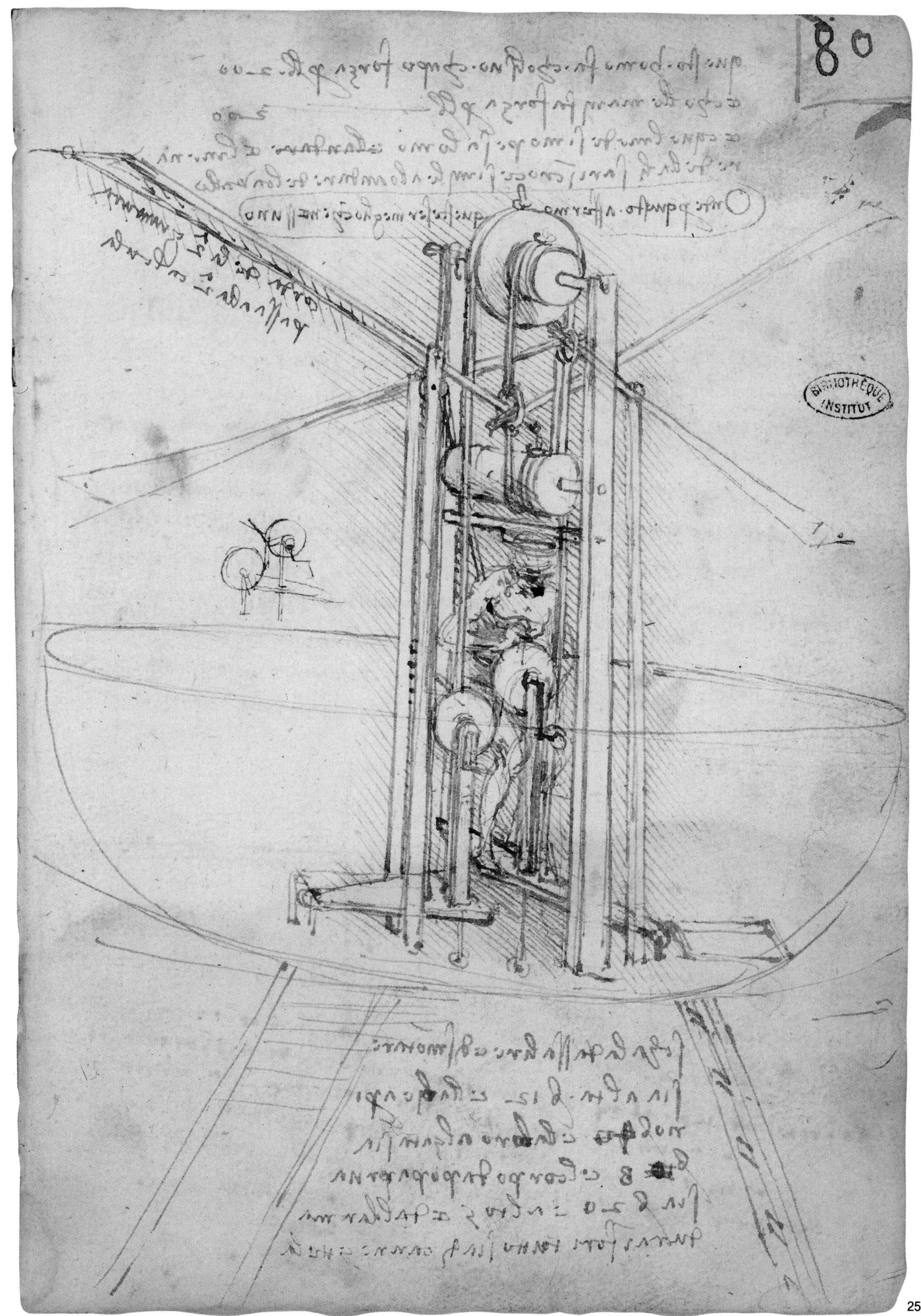

26-28 비행선(그림 25)을 특징짓는 중심 모양은 동시대에 만들어진 다른 연구들을 생각나게 한다: 교회 설계를 위한 그림(B18V, 세부 및 레오나르도의 또 다른 그림을 토대로 한 모델)과 비행선의 중심부에 조종사를 두는 것과 유사하게, 두개골의 중심부에 영혼의 판단력(soul-common sense)을 위치시키는 두개골에 대한 연구(1489년; W19057r, 세부).

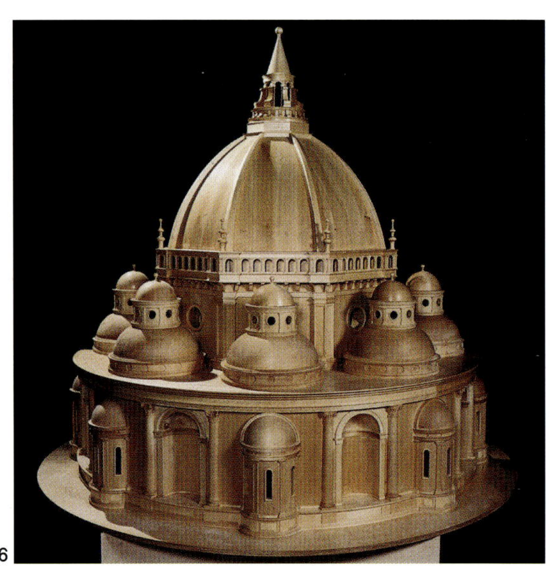

26

27

서문에서도 언급했듯이, 초기의 연구에서 반복적으로 발견되던 기구와는 매우 다르다 1장 그림 11~14, 34.

이전의 디자인에서 나타난 날개들은 도르래 시스템 대신에, 나사로 이루어진 시스템에 연결되어 작동되었다. 조종사는 막대 손잡이를 사용해서 두 개의 나사가 교대로 작동하도록 기동시키는데, 이때 팔을 더 가깝게 또는 더 멀리 움직임으로써 날개들을 상하로 오르내리게 한다.

비율과 대칭 : 중심의 중요성

비행선 프로젝트에 관한 기록 중 다음과 같은 글이 있다.

'이 사람은 머리로 200리브레, 손으로도 200리브레의 힘을 만들어 내며, 또한 그는 동일한 체중이 나간다. 사람이 만들어 내는 날개의 움직임은 경마의 출발문the gate of a horse처럼 서로 교차될 것이며, 이때 사람은 기계 작동을 위한 다른 어떤 존재보다 더욱 적합한 존재이다.'

조종사의 몸으로 생성된 힘은 머리, 손, 그리고 발로 표현된 몸무게 등 세 개의 부분에 균일하게 분배된다.

심지어 두 쌍의 날개가 교대로 움직이는 것도 그 날개들의 균형 잡힌 조화로 인해 두드러진다 레오나르도가 기록한 바에 의하면 두 개가 올라감과 동시에 다른 두 개가 내려가는 움직임은 말 다리의 움직임과 유사하다. 레오나르도의 연구의 줄거리는, 그의 발명품이 날 수 있다는 가능성뿐만 아니라 그 발명품의 부품과 힘 사이에 존재하는 대칭과 균형 잡힌 조화에 놓여 있다.

날개의 십자형 부품가로대들은 40브라치아 braccia, 단위명인 들보를 가지고 있으며, 이는 '선수에서 선미'까지 비행선 길이의 정확히

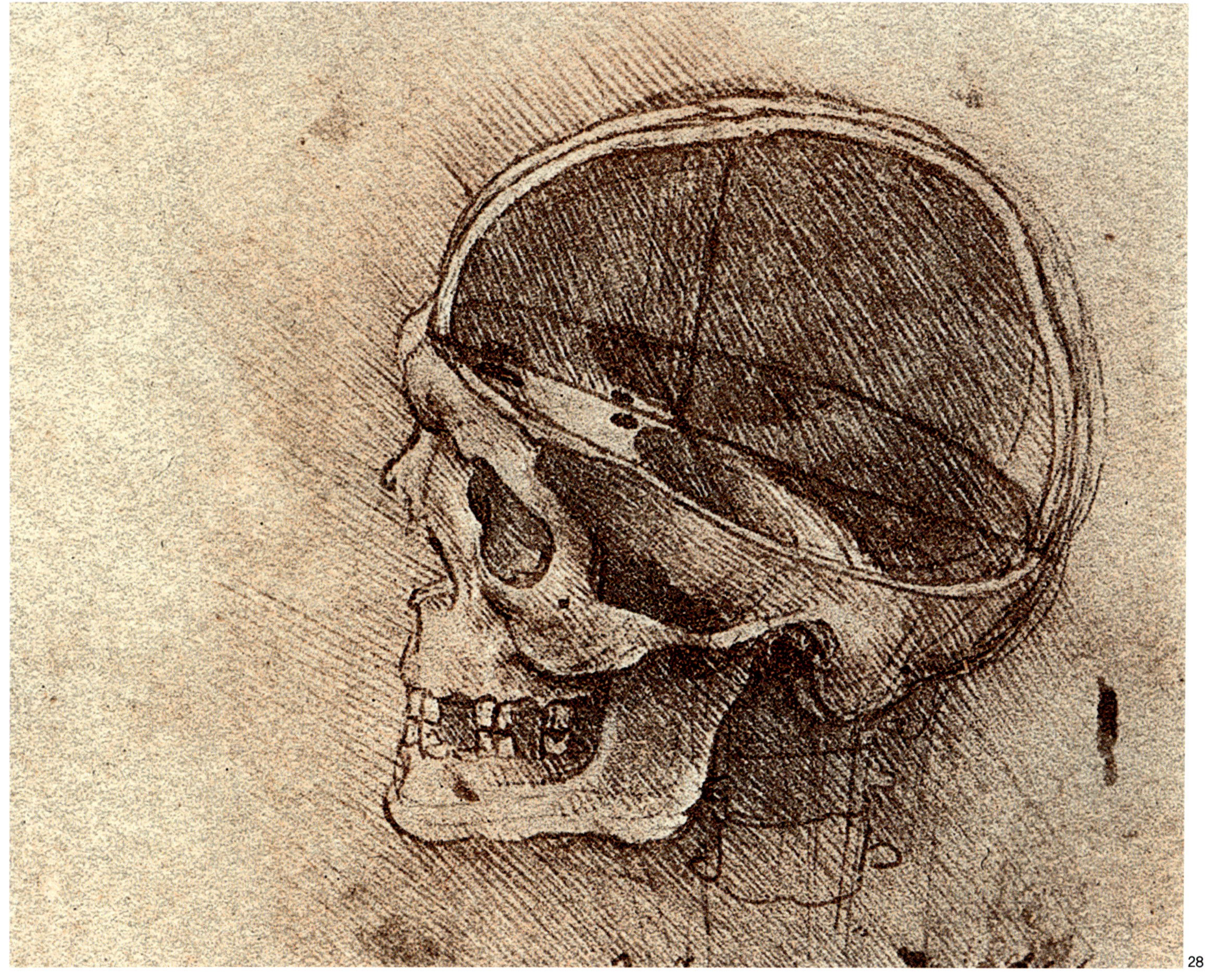
28

29–30, 32 조종사의 탑승 자세가 수평으로 배치되는 비행기구(B 79r; CA 747r & B 75r)

31 비행선(그림 25)과 다른 연구들(그림 26–28)의 유사성. 심지어 인체의 역동에 관한 분석도 구심력에 의해 좌우되었다(분실된 레오나르도의 연구가 토대가 되었던 1500년대 후기의 그림, 「코덱스 후이겐스」, 뉴욕, 모건 도서관, 그림 29, 세부).

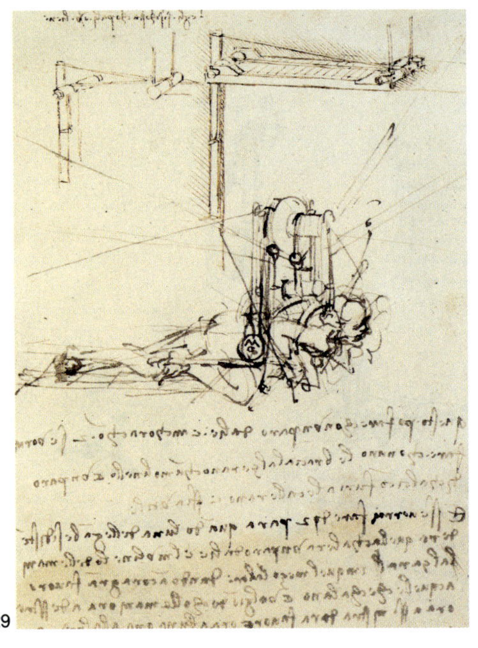
29

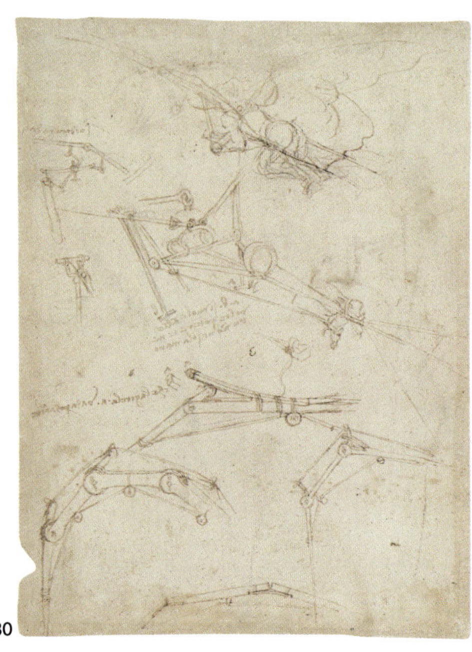
30

31

두 배이다. 따라서 비행선의 길이는 20브라치아가 되어야 한다.

선체의 원형 모양, 중심부의 조종사 위치 및 등변 십자형 부품**가로대** 등 모든 것들은, 적어도 이 경우에 있어서, 인간의 비행에 영향을 미치는 또 하나의 이론적인 분야를 보여주는데, 그것은 바로 기하학적이고 수학적인 비율과 이상적인 비율에 관한 연구이다.

르네상스 관습에 있어서, 그리고 레오나르도에게 있어서도 이상적인 비율은 중심에서 같은 거리에 있는 가장자리 혹은 부품들, 즉 원형, 정사각형, 십자형 등을 갖는 그러한 기하학적인 그림 속에 포함되어 있다.

비행선에 대한 스케치와 함께 「필사본 B」에서 전체적인 연구물들은 정사각형, 원형 및 이들의 다양한 조합**그림 26, 27**에 기초한, 중앙에 마루를 놓는 방식을 따르는 건축물에 나타나 있다.

같은 시기로 기록된 일련의 해부학 연구들은 두개골 부분을 묘사하고 있다. 뼈 형태학의 측정법을 사용함으로써 내부의 중심 포인트가 계산될 수 있는데, 레오나르도에 따르면 그 포인트는 감각, 즉 '판단력'의 집합점이자, 정신의 존재하는 곳이다**그림 28**.

마침내 그는 이 시기에 이른바 「코덱스 후이겐스Codex Huygens」의 복사본을 통해서만 우리에게 알려진 연구를 수행한다**그림 31**. 이것들은 중심 정신과 관련하여 인체의 움직임을 심층적으로 다룬 연구들로, 여기에서 인간의 사지는 중심 기둥 주위에 감기는 선 형태로 묘사되어 있다. 또한 중심 정신이란 모든 사람과 그들의 태생에 공통된 것으로 그림들을 소개하는 구절에 분명하게 열거되어 있다.

'운동의 배후에 있는 힘은 뼈대와 신경조

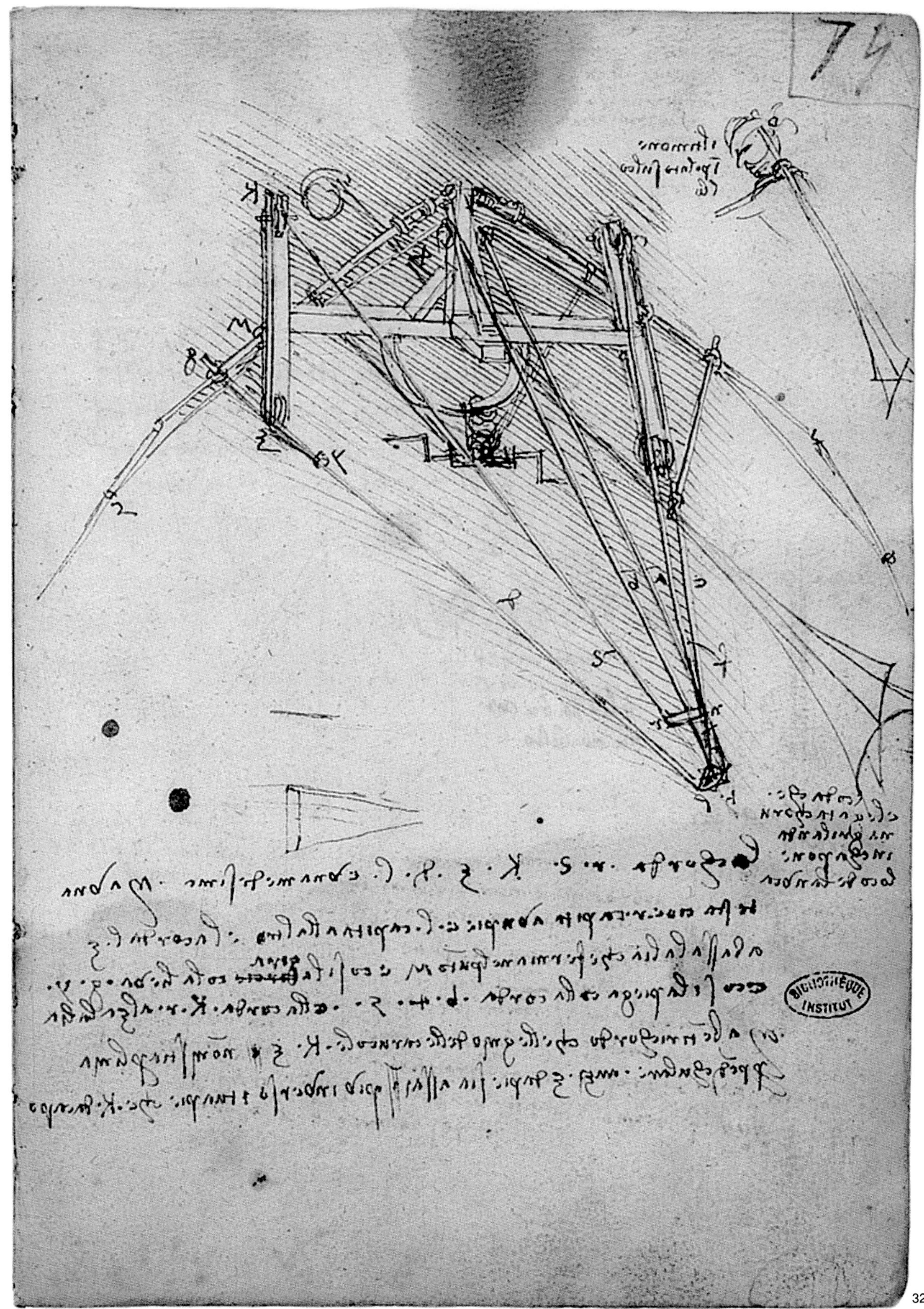

33 얇은 막으로 덮인 헤엄치기 위한 장갑은 박쥐의 날개를 모방한 것으로, 비행기구의 날개와 유사하다 (B 81V, 세부).

34 레오나르도의 그림(B74v)을 토대로 만든 비행기구 모델의 작동(피렌체, 피렌체 과학박물관).

35 기계 날개 (1493~1495년경; CA 844r).

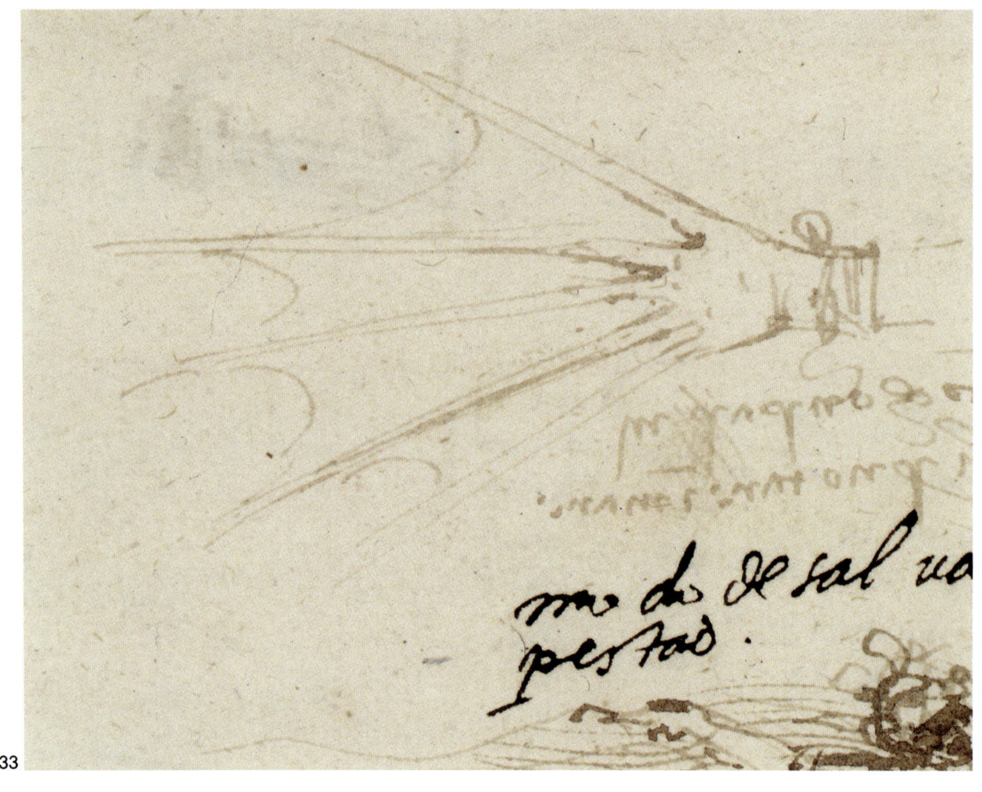
33

34

직에 있다. 그렇지만 동작은 그 중심과 정신의 모든 것인 영에서 비롯된다폴리오 11.'

이제 레오나르도의 생각들은 그의 이지적인 판단 경향이 비행에 관한 연구에 몰두하는 쪽으로 더욱 강하게 두드러지는 특징을 보인다그림 25. 비행기구는 중앙 집중적이고, 대칭적이며, 균형이 잘 잡힌 형태를 가졌고, 중심부에 조종사가 있는—'판단력'이 두뇌, 곧 정신을 위한 것임을 나타내는—구조가 되어 간다. 이 경우에 정신은 힘이며, 운동의 배후에 있는 근원을 말한다.

동물학, 유기적으로 구성된 날개 및 비행 중 민첩함의 중요성 등에서 비롯된 자취

인체의 동역학, 물리학 그리고 비율은 1480년대와 1490년대를 지나는 동안, 비행기구 연구의 근간을 이루는 중요한 이론적 분야이다.

레오나르도가 피렌체에 머문 수년 동안, 공방의 실용적인 기계학 이론으로부터 탈피하는 중요한 수단이 되었던 동물학 연구는 더 큰 분야를 연구하기 위해서 그때 그만둔 상태였다.

다 빈치 문하생들이 「필사본 B」그림 25에서 비행선을 인용할 때 종종 사용한 용어, '오니솝터ornithopter'의 정의는 과장된 것으로 보인다. 운동역학의 이론과 인체에 관련된 비율을 충분히 구체화한 기구에서는 교차적으로 움직이는 날개 치기 운동과 안으로 접어 넣는 발은 단지 동물을 본뜬 것일 뿐이다. 그렇지만 동물학적인 견해는 비행에 관한 또 다른 연구에서 나타나는데, 그 연구에서 조종사는 기구 안에 수평으로 배치되어 있다그림 29, 30, 32; B79r, CA747r, B75r.

여기에서는 비행 중에 기구의 방향을 조

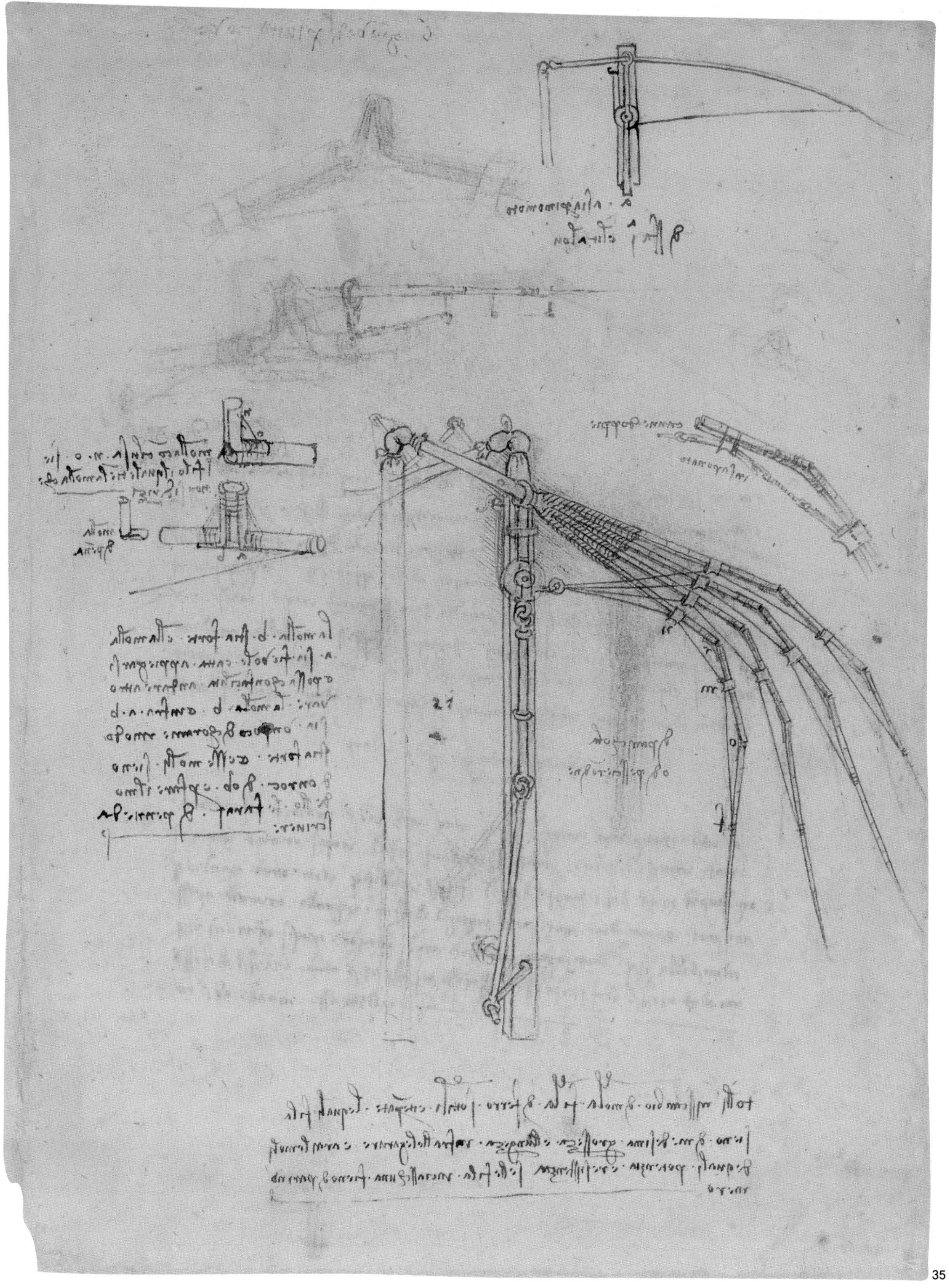

36 비행기구(1485~1487년경; CA 824v).

37 전체 비행기구에 대한 연구 (1493~1495년경; CA 70br).

38 비행기구 중 날개 부분에 대한 연구.

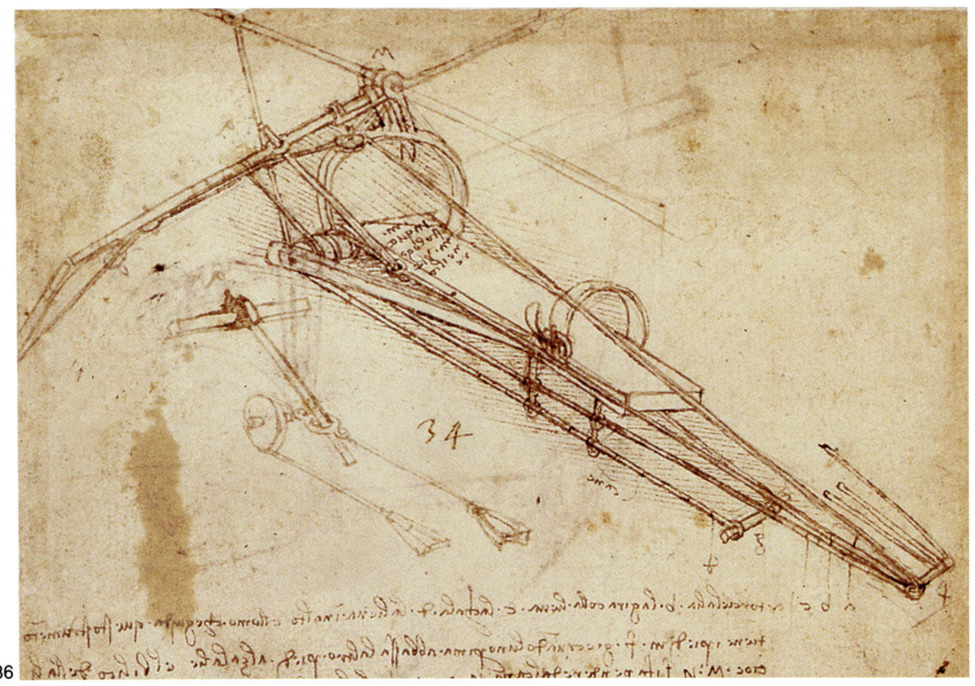

36

37

종하고 바꾸는 것에 대한 증대된 관심이 비행선의 연구에 있어서 중요한 차이점이 되고 있다. 심지어 프로젝트 중 하나**그림 32; B75r**에는 조종사의 머리와 목 주위에 '화환'을 걸듯이 줄을 걸어 묶은 긴 조종 장치가 필요하다. 이것을 나타낸 그림은 주요 설계도 다음에 있는 폴리오의 윗부분에 스케치되어 있다.

조종사의 움직임도 더욱 커지고 다양해진다. 몇 가지 동작들은 비행 시간과 거리를 유지하면서 날개 치기 하는 것에 제약을 받는다. 즉, 다른 동작들은 날개를 아래로 젓는 동안 날개의 아랫부분을 기울이지만**공기가 가능한 한 압축되도록**, 공기를 더욱 쉽게 가르면서 날개를 위로 저을 때는 날개의 앞 모서리를 기울이게 된다.

부분적으로 날개는 관절이 있는 유기적인 구성으로 되어 있어서, 균형을 유지하거나 방향을 바꿀 수 있도록 접고 펼치기가 가능하다. 레오나르도는 이런 류의 첫 번째 프로젝트 중 하나**그림 30; CA747**에서, 이렇듯 필수적인 접고 펴는 운동을 만들어 내는 유기적인 구성의 날개를 전체 도면의 옆에 그려 넣는다.

조종사는 이 모든 동작을 만들어 내고, 균형을 유지하고 방향을 바꾸기 위해 손과 발을 사용한다.

몇 가지 사례에서 보듯이 날개 펼치기와 같은 동작들은 도약과 함께 무의식적으로 이루어진다. 민첩함에 대한 늘어난 관심은 새들의 자연 비행을 더욱 가깝게 흉내 내는 것을 의미하며, 그 결과로 동물세계에 대한 관심도 더 커지게 된다.

「코덱스 아틀란티쿠스」의 유기적으로 구성된 날개에 관한 보다 발전된 프로젝트 옆에다 레오나르도는 다음과 같이 적었다. '근육으로 된 날개 또는 날치' 그림 35; 1493~1495년경; CA 844. 즉, 그 날개는 박쥐의 날개나 날치의 지느러미와 유사하게 얇은 막으로 덮여 있어야 한다.

초창기 몇 해 동안 기록된 「코덱스 애시번햄 I」에 있는 폴리오에는 이 두 동물이 등장한다. 여기서 레오나르도는 '다른 것을 위해 한 가지를 버린 동물'로서 날치를 묘사하고 있다. 「필사본 B」코덱스 애시번햄 I(Codex Ashburnham I)은 이 필사본의 한 부분임에 있는 초기 몇 개의 폴리오에서 우리는 이 동물들에게서 발견된 것과 같은 얇은 막으로 덮인 헤엄치기 위한 '장갑' 그림 33; B 81v에 대한 연구를 발견할 수 있다.

레오나르도의 피렌체 체류 기간에서처럼 동물세계에 대한 관심은 인간으로 하여금 지구상 다른 종과 자신을 비교하도록 만든다. 레오나르도는 동물과 동일한 능력을 얻기 위해 다양한 방법을 생각해 낸다.

단일 프로젝트의 결핍,
그리고 대안에 대한 최초의 흔적 : 활공

이 점을 고찰한 연구에서 보았듯이 단독적이고 간결한 프로젝트 디자인은 발달시키기가 쉽지 않았다. 새의 비행을 토대로 한 인위적인 비행에서 불거진 각각의 문제들에 대해, 레오나르도는 최종 통합에 이르지 않고 개별적으로 다룬 듯하다.

예를 들어 레오나르도는 힘의 문제를 운동역학과 비행선의 결과에 관한 연구 주제 안에서만 다룬다. 균형과 민첩함의 문제는 조종사가 수평 자세로 탑승하는 비행장치에서 다루는 논제였다.

레오나르도는 이러한 연구에서 날개 구조

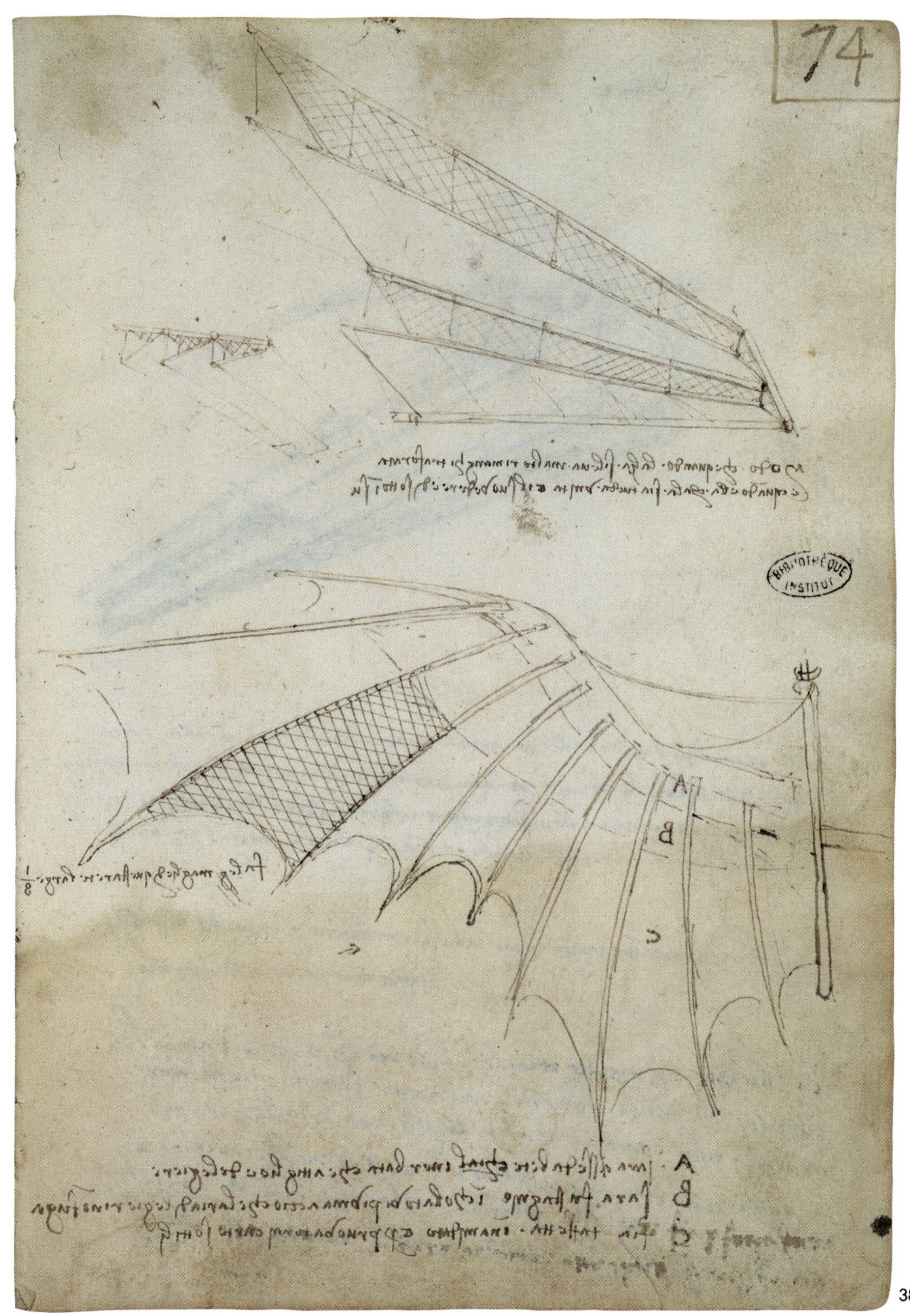

38

39-41 비행기구에 대한 연구 (1487~1490년경 & 1493~1495년경; CA 848r, 846v)와 빈치의 레오나르도 박물관에 있는 모델. 모델은 레오나르도의 그림이 토대가 되었다.

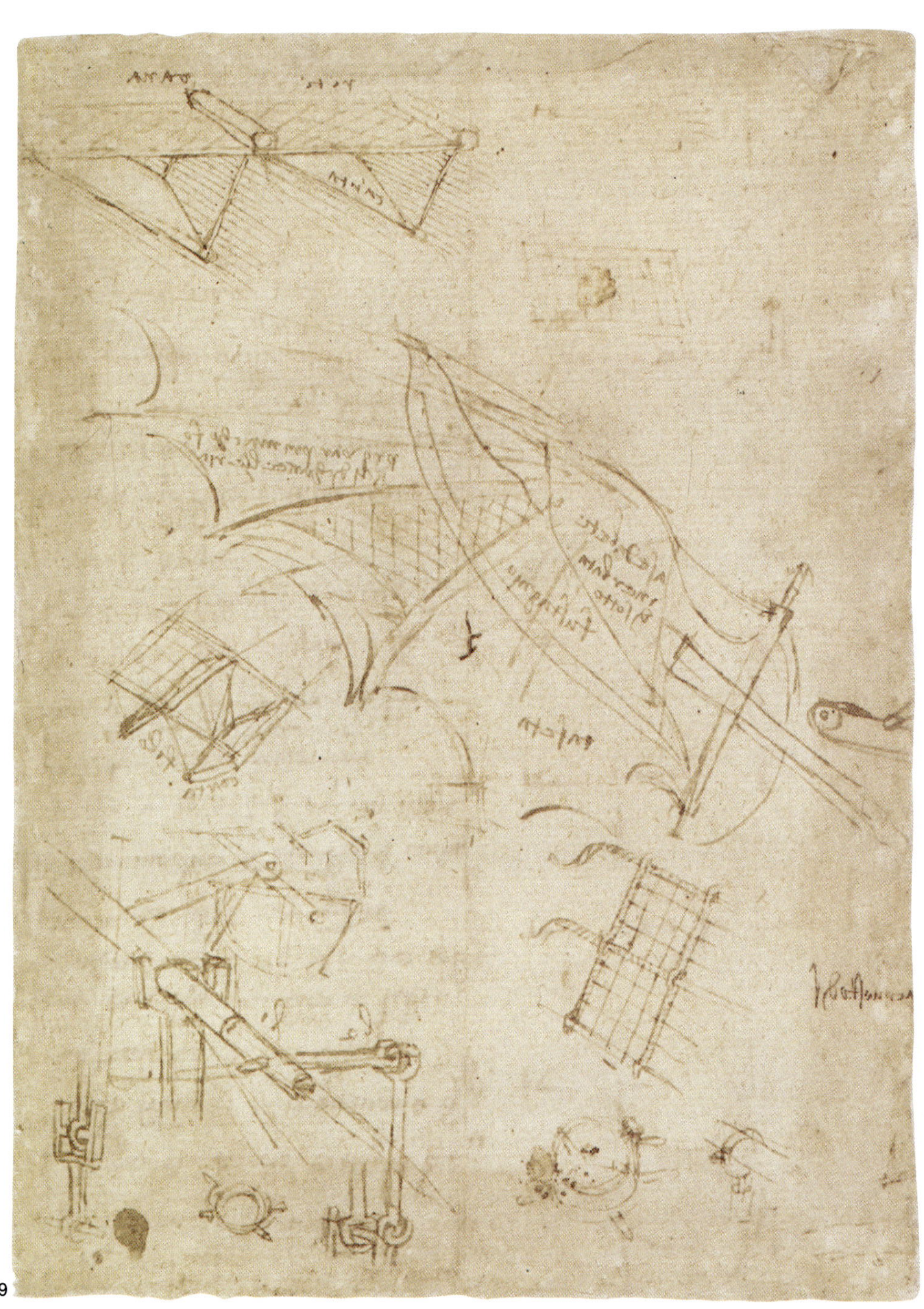

39

전체와 관련이 있거나 완성된 기구를 제안하는 문제들을 다루지 않았다. 몇 개의 도면그림 30, 36; CA 747r, 824r에서 보면 비행기구는 정말 완전하게 스케치되어 있으나, 구조적인 면이나 디자인의 관점에 대해서는 거의 언급이 없다.

그러나 적어도 한 번, 완전한 날개와 비행기구 전체—날개와 조종사—에 대한 연구가 다른 연구 그룹에서 이루어졌음을 알 수 있다그림 37, 38, 41 및 다음 장의 그림 28; B 74r, CA 70br, 846v & 854r, 중앙 세부.

「필사본 B」에 있는 연구와, 동일한 시기의 「코덱스 아틀란티쿠스」그림 39; 848r의 연구를 제외하고, 이 모든 연구들은 〈최후의 만찬〉그림 42-44의 작업을 시작하기 직전인 1493~1495년경에 진행된 것으로 추정된다.

1496년에는 레오나르도와 친분이 있는 수도사 루카 파치올리Fra' Luca Pacioli; 그림 46 가 밀라노를 방문한다. 레오나르도는 그로부터 수학과 기하학에 대한 여러 새로운 지식들을 많이 접하고 배우게 된다.

이 시기가 레오나르도에게 있어서 놀랄 만한 지적인 통합이 이루어진 때이며, 그의 생애에 걸쳐서 두뇌가 가장 명석했던 때였을 것이라 여겨진다. 그는 기계학, 광학, 유체역학, 회화 및 해부학에 관한 저술을 기획하고, 부분적으로 완성한다. 예술과 과학 분야에서 〈최후의 만찬〉(1496~1498년경)과, 대부분의 내용이 1490년대에 집필된 「마드리드 I 필사본Madrid I Manuscript」은 레오나르도가 자신의 업적 중에서 가장 심혈을 기울여 만들어 낸 작품일 것이다.

끝으로, 「코덱스 아틀란티쿠스」의 폴리오 70br에서 붉은 연필로 그린 그림그림 37은 두 날개와 구조, 그리고 조종석의 조종사를 상

40

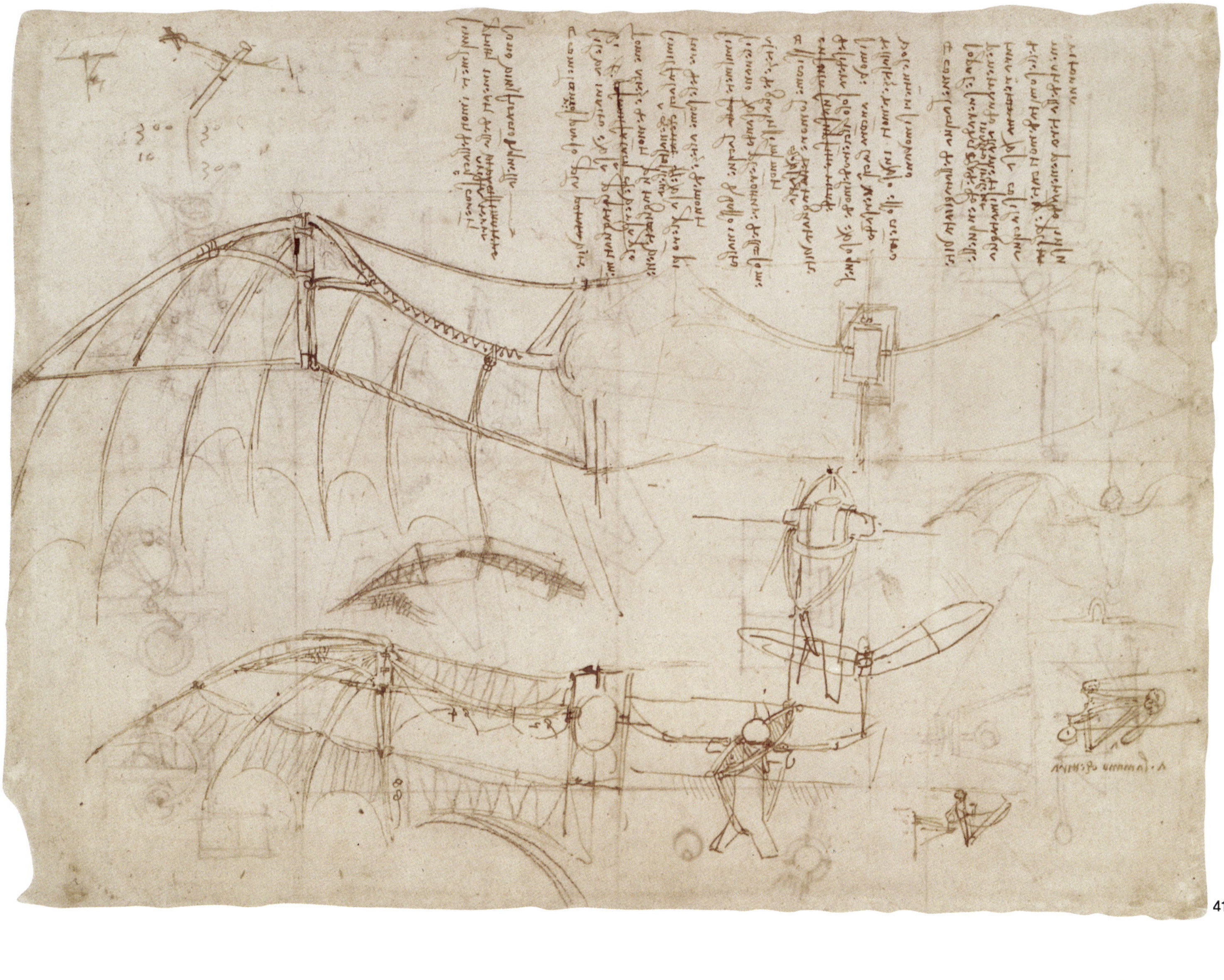

41

42-44 최후의 만찬
(전체 그림 및 세부).
레오나르도는 밀라노
체류 기간에 이를 그렸다
(1496~1498년경).

42

43

세하게 묘사하고 있다. 비행에 관한 레오나르도 연구의 전후 배경을 살펴 보면, 어떤 점에서는 날개에 대한 연구, 특히 앞선 예의 경우는 수년 전부터 시작된 다른 두 개의 연구 그룹을 마지막으로 총정리를 해 낸 것처럼 보인다.

그러나 이 총정리 작업은 단지 겉치레일 뿐이다. 더 이전의 연구들에서는 새의 비행에 관한 자연적인 메커니즘—한 경우에서는 지탱을 위한 날갯짓, 다른 경우에서 비행에 관한 능력—을 모방하거나 재창조하려는 시도를 했었다. 그렇지만 보다 최근의 이 완전한 프로젝트 그룹에서는 날개가 내부에 고정된 부분 때문에 표면과 연결된 움직임이 제한을 받는다. 그 움직임은 다만 비행기동 중에 약간의 균형을 잡는 데 도움을 줄 뿐 비행을 유지하기에는 충분하지 못하다.

자연에 대한 유추는 다른 방향으로 나아가 더욱 현실적이고 실용적인 대안인 활공을 향해 레오나르도를 동물세계 밖으로 인도해 낸 듯하다.

그의 그림 중에는 바람을 타고 이동하는 날개 달린 씨앗이 있으며 **그림 41**, 모든 기구들은 대부분이 글라이더처럼 바람을 통해 날도록 설계된 것처럼 보인다.

레오나르도는 콰트로첸토 '발명가들'의 전통적인 낙하산을 사용하여 기체 정역학 연구를 이미 시작하고 있었다. 비행에 관한 레오나르도의 최초 견해는 기계적인 현상과 마찬가지로 「코덱스 아틀란티쿠스」의 폴리오 1058v에서 찾아 볼 수 있다. 거기에는 낙하산의 스케치 **그림 47**가 있으며, 이 장비를 갖춘 사람은 '아무리 높은 곳에서라도 다치지 않고 뛰어내릴 수 있다.'

앞 장 '비행기구 아이디어 시원' **그림 39, 40**

44

45, 47 낙하산에 대한 연구(1485년경; CA1058v. 모델은 레오나르도의 그림이 토대가 되었다).

46 야코포 데 바르바리(Jacopo de' Barbari)가 그린 루카 파치올리(Luca Pacioli)의 초상화. 루카 파치올리는 위대한 수학자이자 레오나르도의 친구였으며, 그들은 같은 시기에 밀라노에 있었다(1495년; 나폴리, 카포디몬테).

45

46

에서 본 것과 같이, 무명의 시에나파 엔지니어는 이미 이 아이디어를 공식화했었다. 레오나르도는 풍부한 경험을 토대로 그것을 상세하게 설명한다. 그는 퍼덕이는 날개가 만들어 내는 활발한 비행을 연구하며 함께 진행할 항공 역학적 상호관계의 원리를 통해서도 낙하산의 비행을 설명한다. 적당한 높이와 폭두 가지 다 12브라치아의 낙하산은 사람의 체중으로 인해 천천히 하강하면서 공기 중에 압력을 가한다.

그로부터 수년 뒤에 진행되었던 바람에 의한 비행과 유사한 연구들이 「마드리드 I 필사본」의 폴리오그림 48; 1493~1497년; 64r에서 발견된다. 그림 49에서 사람의 위치는 정확하게 반구형 틀부채꼴 모양의 중심에 뚫린 구체의 중심에 있다. 해양 나침반에도 사용되는 이 시스템은 유니버설 조인트의 원리에서도 발견된다. 그것의 구동장치는 사람의 손의 힘이 아닌, 바람의 힘에 의해 움직인다.

'이 장치를 언덕의 정상에서 바람을 향하게 두면, 바람의 흐름과 함께 움직일 것이며, 사람은 곧게 서게 될 것이다.'

동일한 폴리오의 아랫부분에는 다른 방안을 제시하는 프로젝트그림 50가 있다. 그 방안에서 조종사는 연에 매달려 있고, 연은 지상에서 조정되며, 비행 중에도 밧줄을 이용해서 방향을 바꿀 수 있다.

날개 치기를 하는 비행에서 나타나는 두 가지의 비행 형태는 이들 연구에서도 나타나는데, 한 프로젝트는 집중 방식의 형태에 의해 좌우되며, 단지 비행에 필수적인 힘을 처리할 뿐이다. 좀더 세로 형태를 띠는 다른 디자인은 조종사가 수평 자세를 취하는 기구에서와 같이 민첩함과 균형 상태에 중점을 두어 설계되어 있다.

48 비행구 모델(Md I, f. 64r의 레오나르도 그림이 토대가 됨). 레오나르도 박물관에 복원되어 있다. 사람은 항상 기계와 요소들을 좌우하는 중심부에 서 있다.

49 삼각주형 비행체 날개의 모델(Md I, f. 64r의 레오나르도 그림이 토대가 됨). 레오나르도 박물관에 복원되어 있다. 2003년 풍동[13] 실험에서 성공하였다.

50 바람을 이용한 두 가지 비행기구.
위 : 팬의 중심에 조종석이 있는 기구, 아래 : 케이블이 지상을 향하는, 독수리 모양의 기구 (1495년경; Md I, f. 64r, 전체 그림 및 세부).

48

49

이러한 마지막 두 가지 프로젝트로 우리는 이미 언급하였던 글라이더 형태의 기구에 관한 레오나르도의 연구가 진행되던 시기에 접근해 보았다. 그 연구들은 매우 유사한 개념들을 토대로 하고 있다. 바람에 관한 레오나르도의 견해는 이들 모든 프로젝트에 있어서 모종의 역할을 한다. 바람은 운동을 만들어내는 원천이기도 하지만 그것을 방해하는 위험 요소이기도 하다.

이후 몇 년간 바람에 대한 연구들은 레오나르도를 더욱 매료시키고, 자연적인 것보다 더욱 모방적인 비행 형태에 관한 레오나르도의 연구에서 빠뜨릴 수 없는 부분이 된다. 물론 이것은 날개의 운동을 기초로 한다.

13) 풍동(風洞, wind tunnel) : 빠르고 센 기류를 일으키는 장치.

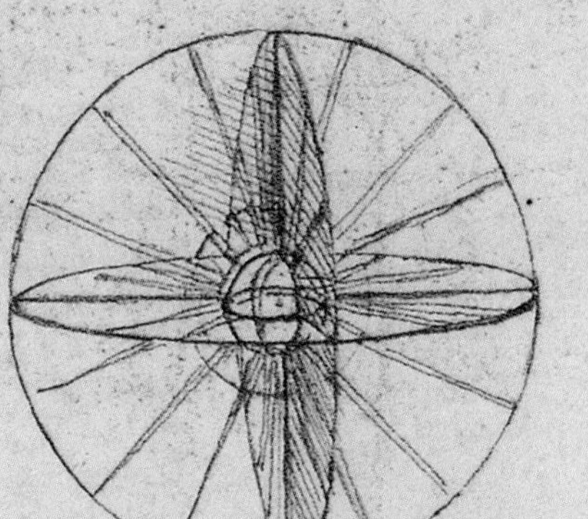

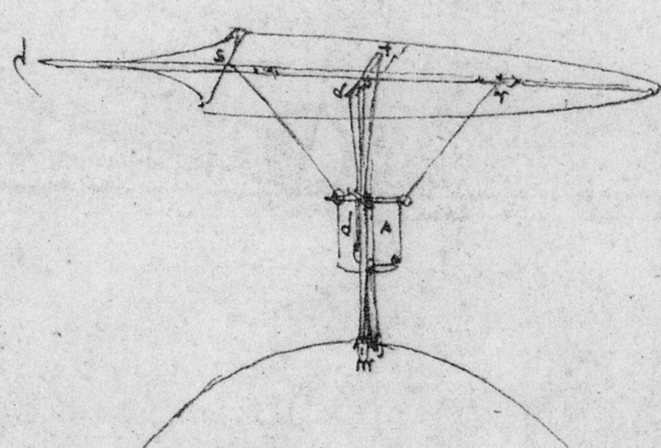

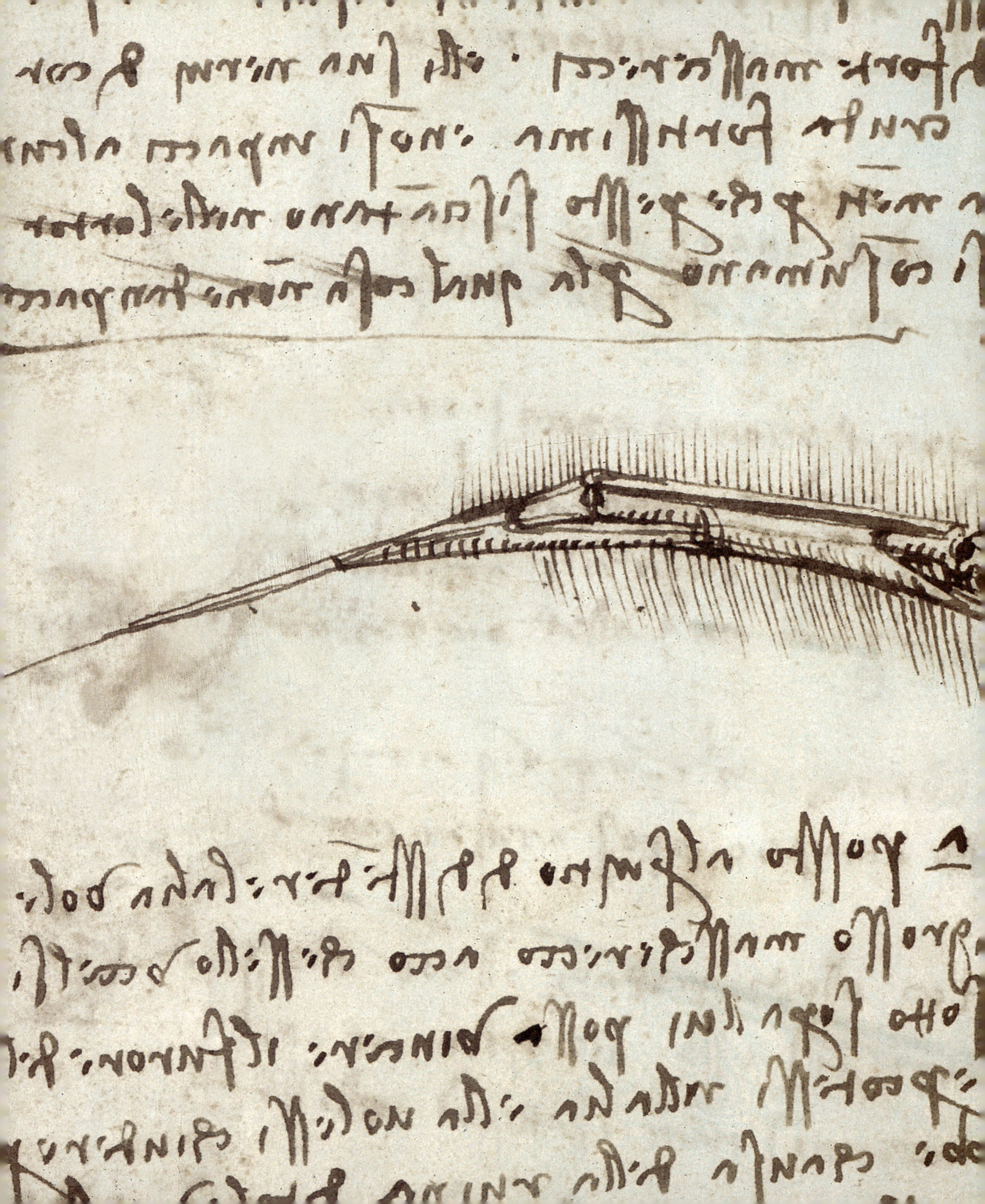

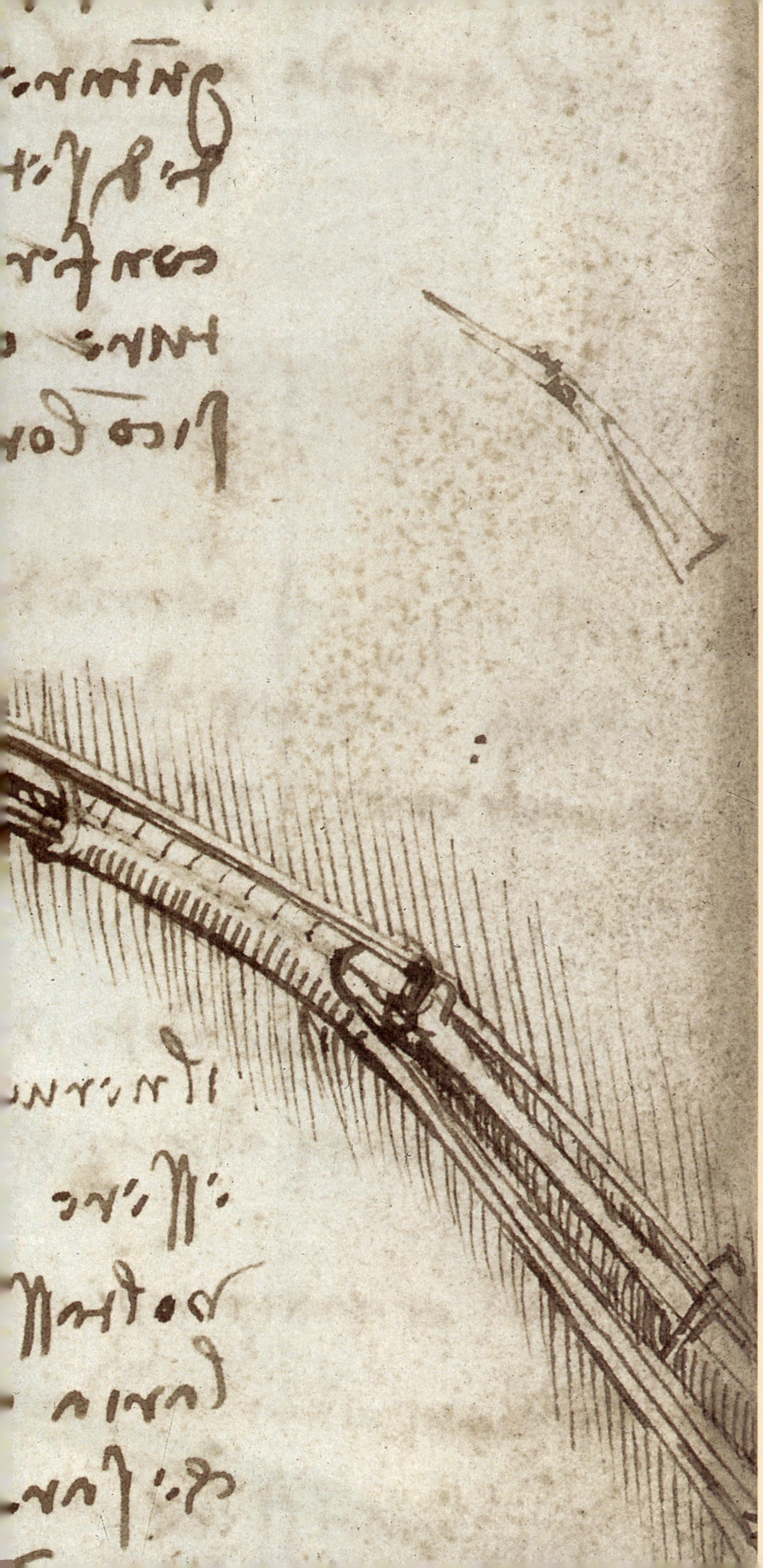

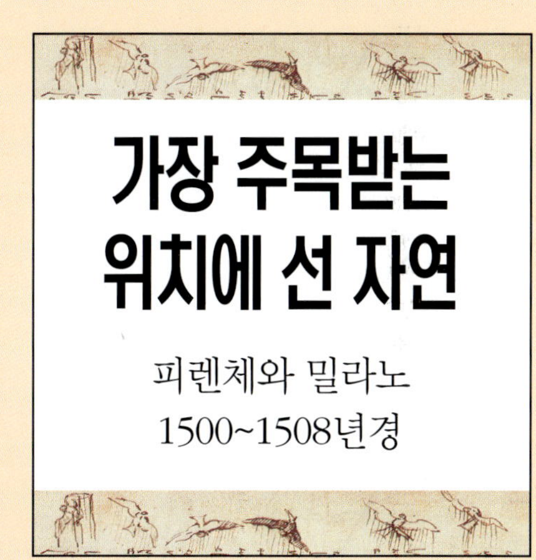

가장 주목받는 위치에 선 자연

피렌체와 밀라노
1500~1508년경

1500년 프랑스의 침입이 있은 후, 레오나르도는 밀라노의 영지를 떠나 피렌체로 돌아가서 비행기구에 관한 작업을 계속한다.

동물세계에 대한 연구가 이 시기에 많이 이루어졌으며, 특히 조류 비행에 관한 관찰은 가장 주목받는 위치를 차지하게 된다. 이전 연구의 핵심이었던 인체와 인체의 역학적 잠재능력에 대한 해부학적 연구는 그만둔 상태이다.

레오나르도는 또한 동물세계에 다시 관심을 가짐과 동시에, 모방의 원리를 기반으로 기술적인 디자인을 시작하고, 인간의 비행에 대한 그의 연구는 더욱 더 자연 비행을 재현해 내는 쪽으로 향하게 된다. 이와 같이 기술적인 모방은 인위적으로 자연을 재현하기 위한 하나의 방법이 되며, 레오나르도는 회화에서처럼, 그것을 자연의 복사본으로 바라본다.

그는 이제 비행기구를 인간 비행과 자연 비행 사이의 연속성을 나타내는 '새(bird)' 라고 부른다.

앞 페이지 기계 날개에 대한 연구(CV 7r).

1-2 1500년대 초, 레오나르도는 새들의 곡예비행을 연구하기 위해서 피에솔레 근처에 있는 피렌체 주변의 언덕에 자주 갔다.

3-4 「코덱스 K」와 「코덱스 L」은 레오나르도가 야외에서도 기록할 수 있었던 두 개의 작은 주머니용 메모용지이다.

1

가장 주목받는 위치에 선 자연 : 비행하는 조류의 관찰

'1505년 3월 14일, 나는 바르비가Barbiga 위쪽에 있는 피에솔레Fiesole로 가는 길에 코르토네cortone와 같은 맹금[14]을 보았다.'

이것은 「코덱스 '조류의 비행에 관하여' Codex 'On the Flight of Birds'」의 폴리오 17r에 남긴 레오나르도의 메모이다.

1505년 비망록을 기입할 당시, 그는 피렌체로 돌아와 5년을 머물렀다. 피렌체는 레오나르도가 비행하는 새들을 관찰하기 위해 많은 시간을 보낸 곳이며, 그는 피에솔레와 가까운 도시 주변의 언덕에서 잔상 메모하기를 즐겼다 그림 1, 2. 어느 날 바르비가로 알려진 지역에 있는 언덕을 산책하던 중, 그는 꽁지가 짧은 특징이 있는 맹금 종류의 새' uccello di rapina : 약탈하는 새인 코르토네가 독특한 방법으로 상승기류를 타고 비행을 하는 것에 주목한다.

레오나르도가 피에솔레 주변 지역에서 자신의 비행기구를 테스트하기로 결정한 것을 「코덱스 '조류의 비행에 관하여'」의 또 다른 기록에서 발견할 수 있다. 그는 가까운 곳에서 항상 상승기류를 타고 나는 큰 새를 보는데, 그 새는 체체리ceceri 백조라고도 불리며 부리 위에 병아리콩인 체체cece와 비슷한 모양의 혹 같은 것이 있다. 레오나르도는 이 새의 이름을 딴 몬테 체체리Monte Ceceri를 선택한다.

'그 큰 새의 첫 비행은 경외심으로 전 세계를 채우고, 명성으로 모든 문학작품들을 채우며, 영원한 명예로 탄생한 둥지를 채운다.' CV; 겉표지 안쪽의 내용

14) 성질이 사납고 몸이 굳센 날짐승.

레오나르도가 밀라노에 있던 동안 수행했던 동물에 관한 연구는 부수적인 것이었다. 1500년 이후에야 그는 동물에 관한 연구에 중점을 두기 시작한다. 앞에서 보았던 것처럼 레오나르도가 밀라노에서 체류하던 끝 무렵에 착수한, 상승기류를 타고 나는 비행에 관한 프로젝트는 더욱 종합적으로 다루어져 완벽해진다.

그러나 레오나르도의 연구 측면에서 보면 그 프로젝트는 새로운 영역에 대한 최초의 시도가 아니다. 이와는 반대로, 피렌체로 돌아온 뒤에 맡은 연구는 정반대의 양상을 보인다.

이제 레오나르도는 균형과 민첩함이 필요한, 동작이 가능할 뿐만 아니라 날개 치는 비행에서 필요로 하는 힘도 갖추는 비행기구를 설계하는 방향으로 노력하게 된다. 그렇지만 이들 양쪽 분야를 다루면서 더욱 세심한 주의를 동물세계에 쏟게 된다.

그렇게 함으로써 그는 조류의 비행 행태를 관찰하는 데 전례가 없는 집중력을 쏟아붓는다. 마침내 그 관찰은 레오나르도로 하여금 세 개의 필사본을 작성하게 한다. 그 필사본들은 「필사본 L」그림 4; 1497~1504년경, 「필사본 K^1」그림 3; 1503~1505년경 및 「코덱스 '조류의 비행에 관하여'」1505년경이다.

필사본 K^1

첫 번째 두 개의 필사본은 크기가 약 9 또는 10cm×7cm인 주머니형 메모용지이다. 따라서 그의 기록과 스케치들 중 적어도 몇 가지는 야외에서 작성되었을 것으로 생각되며, 그것들은 「필사본 K^1」에서 발견되는 것처럼 속기로 쓰여 있다 그림 5~8; 필사본 K의 주머니형 메모용지 부분 중 하나.

2

3

4

5-8 「코덱스 K¹」(9r, 7r 및 10r의 세부, 6r). 이 코덱스에 적힌 새들의 비행에 관한 기록들은 대체적으로 완성도가 더 높은 연구의 자료로 사용된 듯하다.

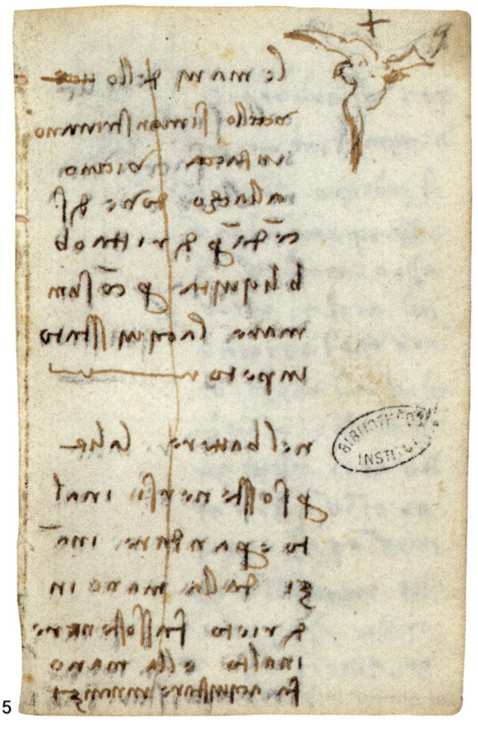

5

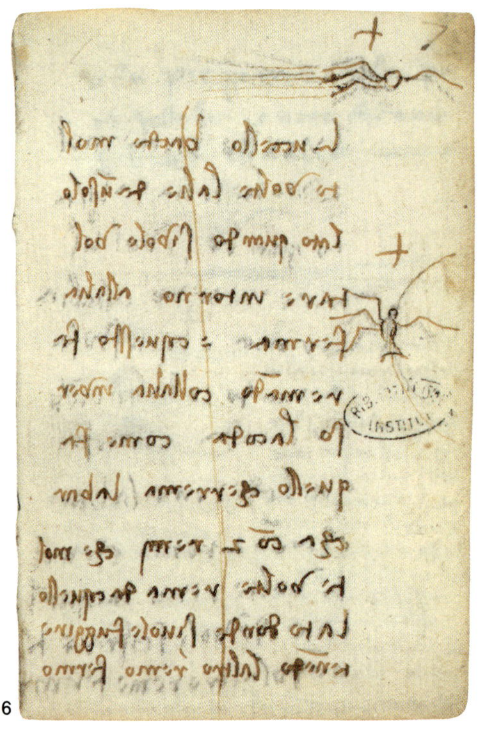

6

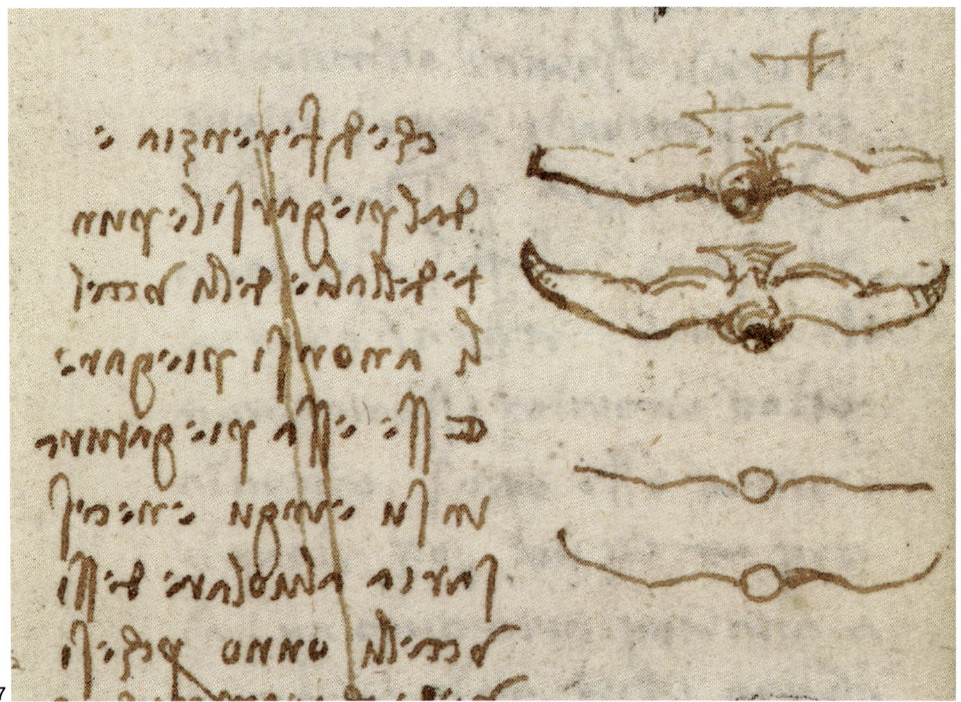

7

이 추측을 확인해 보면, 이 작은 코덱스에 적힌 모든 기록들은 줄이 그어져 있거나 측면에 십자형 표시가 되어 있는데, 마치 그 기록들이 작성된 후에 사본으로 만들어졌거나 혹은 지금은 분실되고 없는 향상된 기록과 관측 자료들로 발전된 것처럼 보인다. 이 장의 서문에 등장하는, 매가 하늘로 비상하는 것에 관한 인용구는 피에솔레 근처의 야외에서 지어졌거나 기록되었음이 틀림없다. 레오나르도는 이 내용을 「코덱스 '조류의 비행에 관하여'」 안에 적어 두었는데, 이것은 다른 두 개의 필사본에 비해 크기가 약간 더 큰 21cm×15cm 비망록이다.

실제로 「필사본 K¹」에 있는 모든 관찰의 결과들은 오로지 조류의 비행만을 다루고 있는데, 이것은 두 가지의 다른 견해로부터 분석된 것이다. 첫 번째 견해는 방향을 조종하거나 바람 속에서 유지되는 균형 상태에 대해 다루며, 두 번째 견해는 '바람의 도움 없이' 그리고 홰치는 날개에 의해 얻어진 활동적인 비행의 행태와 메커니즘에 역점을 두고 있다. 1480년대와 1490년대 사이에는 이 두 가지 비행 형태가 기계적인 비행에 대한 그의 프로젝트를 특징지었다. 하지만 이제 레오나르도는 자연 비행과 관련하여 그것들을 연구한다.

「K¹」에 있는 기록들이 모두 이와 같은 자연적인 연구의 경향을 띤다고 할지라도, 그 내용은 비행기구, 기구를 사용하는 비행 으로 돌아가는 대단히 명백한 계획으로 끝을 맺는다.

'조류에 관한 논문을 4권의 책으로 다음과 같이 분류하는데, 첫째 날개 치기로 유지되는 비행, 둘째 날개 치기 없이 바람으로 유지되는 비행, 셋째 비행에 대한 조류·박쥐·

li alti monti dell'alie
sono a l'opporre
quando l'uccello
per colpo di vento in
l'aria è gittato so-
tto la sua [illegible]
sopra l'aria è gittato
freno a [illegible] l'uc-
cello e ripiglia del
vento [illegible] del
in faccia [illegible]
spinto [illegible]
[illegible]
[illegible] del vento

6

9–11 CV 17v & 18r; 아래, 16v~17r. 폴리오 18r에서 레오나르도는 조류의 날개 치기를 연구했는데, 그는 후에 기계 날개에 대한 두 개의 대체 프로젝트(폴리오 16v~17r)에서 이의 모방을 시도한다. 이것은 그가 기계 날개를 이용하여 날개짓함으로써 인간이 실제로 비행할 수 있다는 가능성을 계속해서 믿고 있었음을 입증한다.

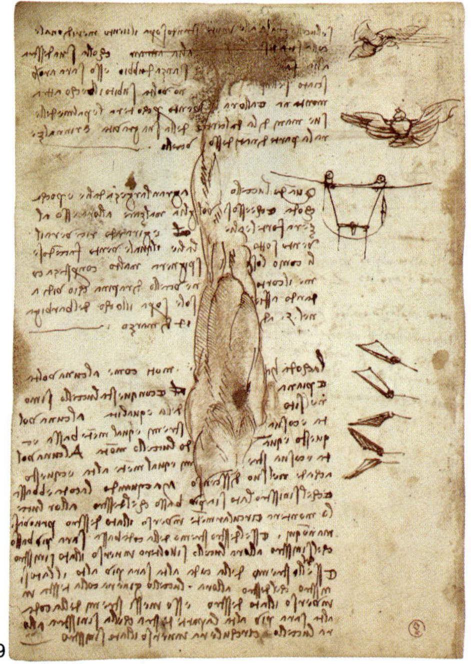

9

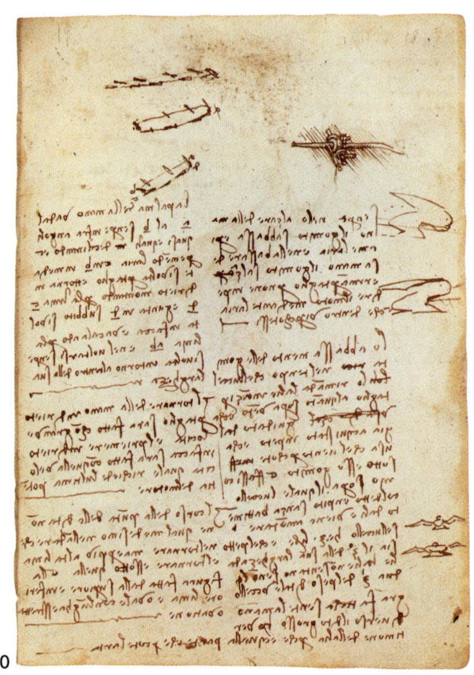

10

11

어류·곤충 등의 공통점, 넷째 기구를 사용하는 동작이다.' K^{1} 3r

「코덱스 '조류의 비행에 관하여'」와 유사한, 작은 크기의 「K^{1}」 코덱스는 마지막 페이지의 시작에서 '무엇이 우리를 위한 것인가?' 라고 기록하고 있다. 그러므로 폴리오 3r에서 인용한 구절은 자연 비행에 관한 기록의 끝부분에 있으며, 폴리오 14r에서 시작한다.

레오나르도의 주장대로, 그 논문은 자연 비행에 대해 기술한 광범위한 부분들에 걸쳐 있으며, 그것은 '날개 치기로'와 '날개 치기 없이 바람의 도움으로', 이 두 가지 견해로 고찰되었다. 자연적이고 이론적인 부분들은 비행기구 '기구를 사용하는 동작'에 관한 실용적이고 기술적인 부분들을 통해 종합되었을 것이다.

조류의 비행과 그것을 적용한 기계 비행에 대한 두 가지 견해를 모두 아우르는 이 이중의 프로그램은 「코덱스 '조류의 비행에 관하여'」 중 완성된 부분에 속해 있으며, 작은 「K^{1}」 필사본 이후에 작성된 것으로 보인다.

코덱스 '조류의 비행에 관하여'

레오나르도의 저술들이 순서에 있어 맞지 않은 부분들이 많다 할지라도, 「코덱스 '조류의 비행에 관하여'」에서는 두 곳의 독특한 부분을 확인할 수 있다.

첫 번째 부분은 편집 순서가 뒤바뀐 것 때문에 높은 번호의 페이지들로 구성되어 있으며, 대부분의 내용이 날개 치는 비행에 대해 다루고 있다. 두 번째 부분은 낮은 페이지 번호의 폴리오들로서, 주로 바람 속에서의 균형 잡힌 비행기동에 대해 적고 있다. 양쪽 부분 모두에는 새의 비행에 관한 기록들이 있으며, 이들은 비행기구를 사용하여 새의 자연적인 동작을 재현하려는 그림들 바로 옆에

레오나르도 유년 시절의 기억과 프로이트

19세기 말과 20세기 초 사이에 레오나르도의 업적에 대한 세인들의 관심이 커져갔다. 1893년에 출판된 「코덱스 '조류의 비행에 관하여'」는 단지 하나의 예일 뿐이다.

메레즈코스키Merezhkoskij가 쓴 레오나르도에 관한 유명한 전기는 1900년대 초에 출판되었다. 이 모든 것은 정신분석학의 아버지인 지그문트 프로이트Sigmund Freud[15]의 주의를 끌어당겼을 것이다.

1910년에 프로이트는 정신분석학의 역사에 있어서뿐만 아니라 다 빈치 식의 연구에 있어서도 중요한 작은 저작을 발표했다. 제목은 「레오나르도 다 빈치와 그의 유년 시절의 기억」.

제목이 분명하게 보여주는 것과 같이, 그 연구는 레오나르도가 비행에 관한 연구서의 여백에 적어둔 기억을 중심으로 하고 있다. 그가 새들의 비밀을 이해하기 위해 새들의 비행에 집중하는 동안에, 그의 마음은 재생되는 어린 시절의 꿈에 대한 기억으로 자극을 받는다. 요람에 있던 그는 검은 솔개의 공격을 받는데, 그 새는 꼬리로 그 어린 아이의 입 안을 때렸다 이 부분은 89페이지에 있음.

프로이트는 레오나르도의 정신, 추진력, 감성세계를 재건하고 싶었다. 프로이트 분석의 핵심은 레오나르도의 예술이 아니라, 그의 인격이다. 그 일의 가장 큰 어려움은 과거의 인물을 대상으로 삼는 데 있다.

그의 작업은 실험적인 것이었다. 4세기 전에 살았던 사람이 남겨 놓은, 모든 형태의 집필과 예술 작품에서 정신 분석을 시작하는 시도였다.

레오나르도의 글 중에서 어린 시절의 기억들은 정신분석학적인 실습에 있어서 기본적인 역할을 하기 때문에 관찰하지 않은 채로는 지나칠 수 없었다. 프로이트의 연구에서 레오나르도의 기억들은 그의 예술 및 과학 작품의 미완성적인 면과, 한 가지 작품을 마무리 짓는 것에 대해 끊임없이 불만족스러워하고 꺼려하는 등의 그의 성격 일면을 이해하는 데 어느 정도 단서를 제공한다.

프로이트는 레오나르도의 기억을 토대로 동성애를 유추해 내고, 그에 대한 정신분석을 계속하면서 그 원인을 레오나르도의 부친과 의붓어머니가 그를 맞아들이기 전까지 외가 친척들 속에서 어린 시절을 보낸 사실에 귀착시킨다.

프로이트는 레오나르도의 많은 회화작품들, 예를 들어 루브르 박물관에 소장된 〈성 안나와 마리아와 아기 예수〉에서 생모와 의붓어머니의 애매모호한 존재를 본다. 또한 성모 마리아의 망토가 아기 예수의 얼굴 쪽으로 꼬지가 향해 있는 독수리의 형상을 하고 있다는 해석을 인용하기도 한다.

성(聖) 안나와 마리아와 아기 예수(The Virgin and Child with Saint Anne, 파리, 루브르). 작품에서 프로이트(왼쪽의 사진)는 레오나르도가 생모 및 계모와의 어려운 관계의 기억을 떠올렸음을 보게 된다. 악인(vulture)의 형상이 마리아의 망토에 숨겨져 있다고들 말한다.

《아래》 프로이트가 연구의 토대로 삼았던 레오나르도의 유년 시절에 관한 기억에 대한 한 구절(1503~1505년경; CA 186v).

15) Sigmund Freud : 오스트리아의 정신분석학자 · 의학자(1856~1939).

12-14 CA 843r(1503~1505년경, 세부), CV 16r(세부), CA 825r(1503~1505년경); 팽창된 포도주 가죽 부대로 몸을 감싼 조종사를 구하는 시스템에 대한 연구. 이 폴리오에서 레오나르도는 새와 인간 간의 동적인 잠재능력을 비교하는 작업에 착수하는데, 그는 'anigrotto'(두루미나 펠리컨으로 추정)를 사용하여 CA 843r(그림 12)과 825r(그림 14)에서 이를 전개한다.

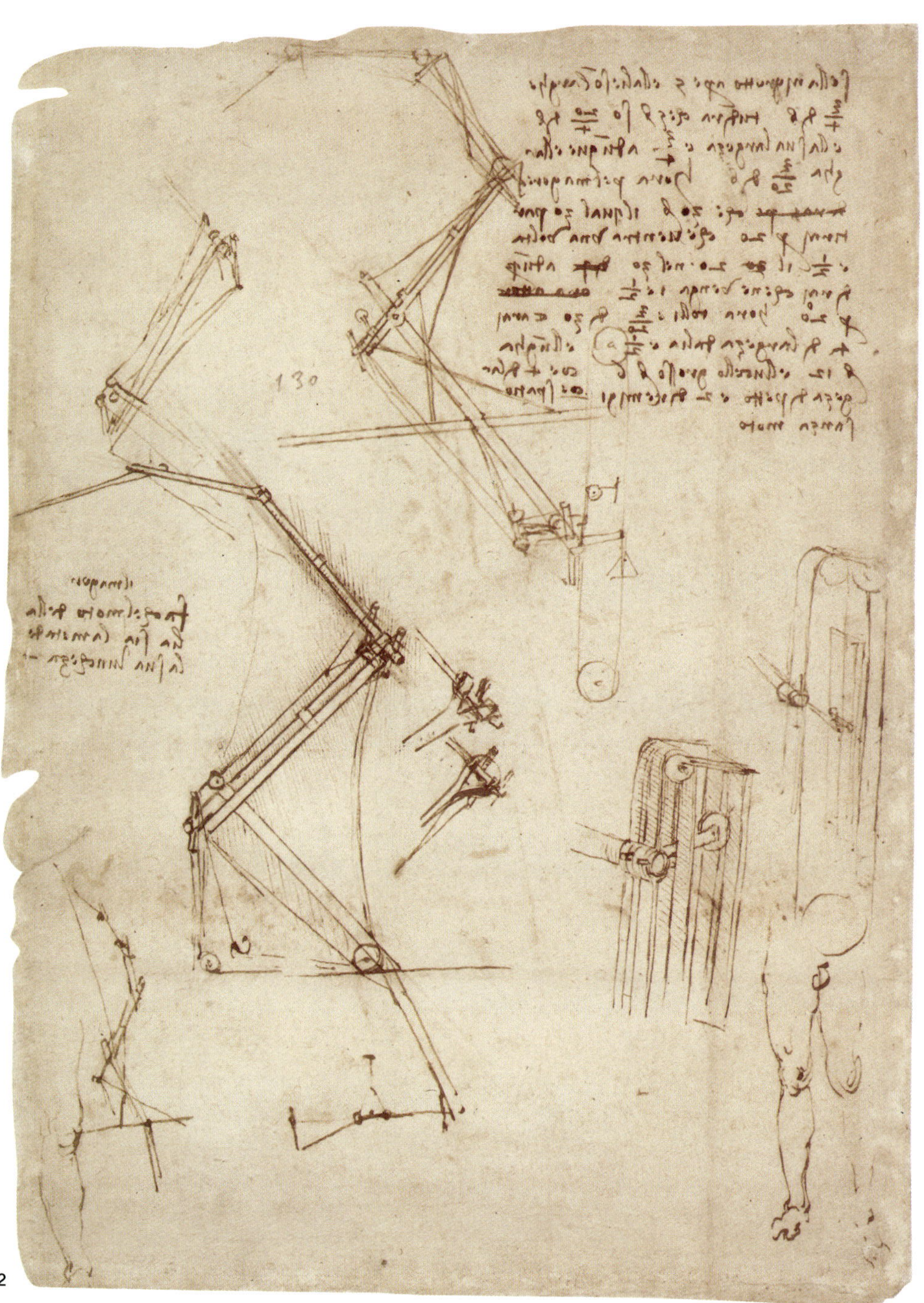

12

기술되어 있다.

심지어 밀라노 체류 기간에서보다 더, 인간 비행에 대한 레오나르도의 생각은 강한 열정으로 자연을 모방하고 있으며, 자신이 그림으로 나타낸 것과 같이 그는 자연을 재창조하기 위해 자연을 관찰한다.

단순히 날 수 있게 하는 것으로는 충분하지 않다. 목표는 모양과 기능에 있어서 새와 같이 자연스럽게 나는 피조물처럼 동일한 특성을 가진 기구를 재창조해 내는 것이다. 적어도 이런 관점에서 보면, 오늘날의 현대적인 엔진에 의한 비행은 레오나르도에게 환멸을 느끼게 할지도 모른다.

항공기의 고정된 날개와 동체, 즉 동역학의 관점에서 보면 날개가 아무런 역할도 하지 않는 엔진의 존재는 새의 비행과는 거리가 멀다.

레오나르도는 두 가지 기능을 종합한 기구에 대한 모델은 제안하지는 않고 있다. 하지만 과거에도 해왔던 것과 같이 그가 두 가지 비행 형태로 나뉘는 문제로서 '힘' 날개 치는 비행과 비행 활공 비행 중의 '민첩함' 의 문제를 계속해서 다루고 있다는 것은 강조되어야 한다.

코덱스 '조류의 비행에 관하여'의 첫 부분 : 날개 치는 비행

날개를 치는 비행에 관한 레오나르도의 생각은 코덱스 그림 9~11에 있는 첫 번째 폴리오연대순으로는 마지막, 즉 18r부터 16v에 집중되어 있다.

첫 번째로 레오나르도는 바람이 없는 경우, 비행에 필수적인 조류의 날개 치는 동작을 연구한다 그림 10; 18r; 상단 우측의 두 개의 그림과 부근의 기록

첫 단계에서 날개 끝 또는 손은 물에서 헤

엄치는 사람의 손과 꼭 같은 역할을 하는데, 양력과 추진력을 얻기 위하여 공중에서 날개면을 내리며 경사지게 하여 젓는 것이다.

이 단계에서는 저항을 감소시키고 앞으로 나아가는 진행을 돕기 위해 팔꿈치 또는 날개의 안쪽 부분이 올려지고 공중으로 굽는다.

추진하는 날갯짓을 한 후에는 날개의 끝부분은 새로운 날갯짓을 시작하기 전에 재빠르게 위로 향한다. 이론적으로 이 사이에 새는 추락해야 한다. 하지만 새는 뒤쪽으로 약간의 비틀림만 있을 뿐, 공중에서 날개의 안쪽 면을 오르내리게 하는, 몸체에 가장 가까운 날개 부분 팔꿈치 또는 팔 덕분에 앞으로 나아가는 상태로 공중에 떠 있다.

따라서 공기는 원뿔 모양의 쿠션 이른바 '쐐기효과' 형태로 응축되는데, 이때 새는 이전의 날갯짓을 하는 과정에서 생성된 추력으로 인해, 동작은 정지된 채로 있으면서 미끄러져 나아가는 상태에 있게 된다.

뒤따르는 폴리오 17r과 16r 그림 11에 있는 비행기구를 위한 디자인들은 자연적인 날개 동작을 기계적으로 재현하려는 직접적인 시도들이다.

이들 두 가지 프로젝트 중 하나 17r 에는 레오나르도가 그린 기구를 정면에서 봤을 때의 좌측 날개 그림이 있다.

이 날개는 움직이는 도르래에 연결되어 있고, 도르래의 케이블에 부착된 두 개의 페달을 밟아서 조종사는 날개를 오르내리게 할 수 있다. 동시에 손으로는 두 개의 바퀴에 의해 머리 위 손잡이 막대에 연결된 두 줄의 케이블을 다루는데, 이는 날개와 수직으로 결합되어 있다.

따라서 날개는 하향 운동을 할 때는 공기 중에서 펼쳐지고 상향 운동을 할 때는 굽어

13

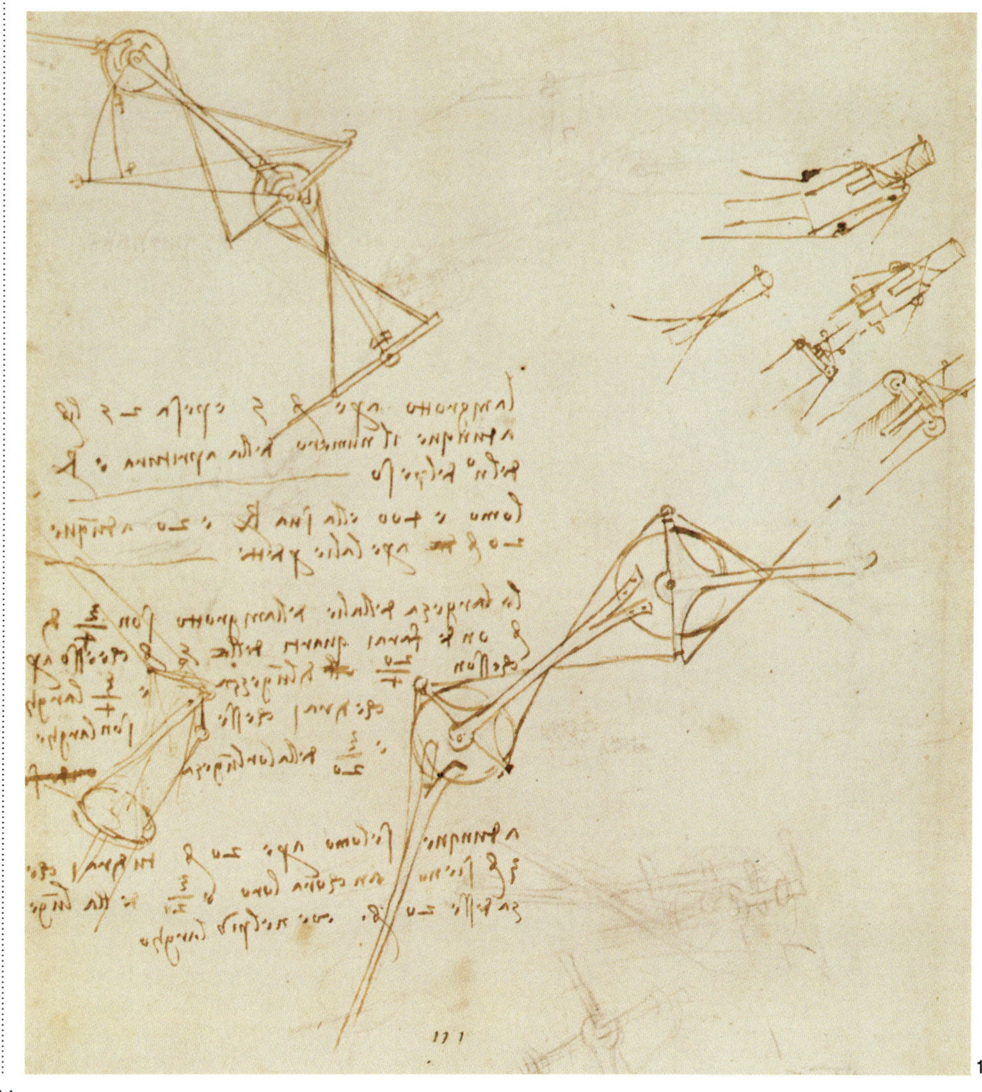

14

15 CA1030r(1505년경): 기계 날개에 대한 연구와 인간과 제비의 동적인 잠재능력에 대한 비교.

16 CA9r: 이것은 새가 상승 기류를 탈 때 사용하는 평행비행에 대해 중점적으로 기록한 코덱스의 한 부분 중 첫 번째 폴리오이다.

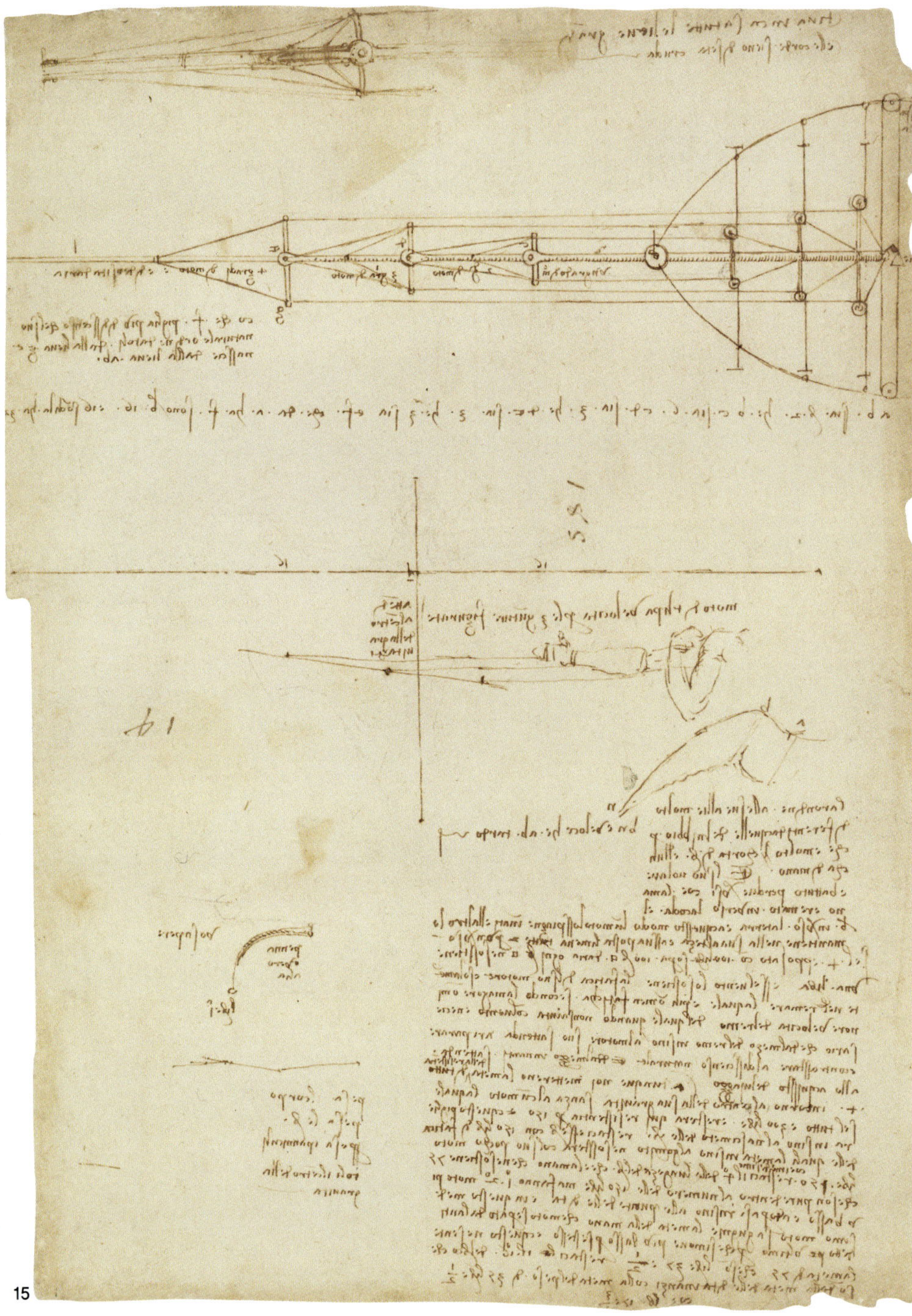

15

지는데, 이는 바람이 없을 때 새들이 날개 치며 비행하는 것과 같다.

이 폴리오에 있는 모든 그림에서 기구의 날개는 조종사와 같은 높이의 측면에 놓여 있다. 폴리오 16v에 나와 있는 해결책에는 이와는 다른 면이 있다. 여기에는 두 개의 도르래가 있는데, 위의 것은 날개에 붙어 있고, 아래의 것에는 조종사가 움직이는 페달이 있다.

두 개의 도르래 사이에서 바퀴는 조종사가 아래쪽 도르래에서 만들어낸 동작을 위쪽 도르래에 부착된 날개로 전달하는 역할을 한다. 날개에서 수동으로 생성된 비틀림은 날개 아래에 위치한 고리 – 케이블 – 바퀴 시스템과 이에 대응하는 손잡이 막대 시스템으로 발생한다.

인접한 폴리오에서처럼 이 비틀리는 움직임은 날개 치는 비행에 필수적인, 날개를 구부리거나 펼치는 데 사용되며, 따라서 그 움직임은 바람이 아닌 힘을 발휘함으로써 얻어진다.

이 연구들이 보여주는 바와 같이 1505년경, 레오나르도는 여전히 지상으로부터 떠서 하늘로 날아오를 뜻을 품은 또 다른 기구를 설계하는데, 이는 1480년대부터 시작된 비행선에 관한 연구에서처럼 사람이 생성한 힘을 사용한다.

그렇지만 한 가지 중요한 차이점이 있다. 이제 출발점은 더 이상 정적, 동적인 잠재능력을 가진 인체가 아니라 동물의 몸이라는 것이다.

동물의 구조는 틀림없이 인체와 비교되었을 것이고, 기계 날개는 조류의 날개를 따랐을 것이다.

폴리오 16r 그림 13에서 레오나르도는 '인간의 비행이 불가능한 것처럼 보일는지도 모른

17-18 CV 8v와 7v; 갑작스런 돌풍 속에서 평형비행을 하는 새들에 대한 연구.

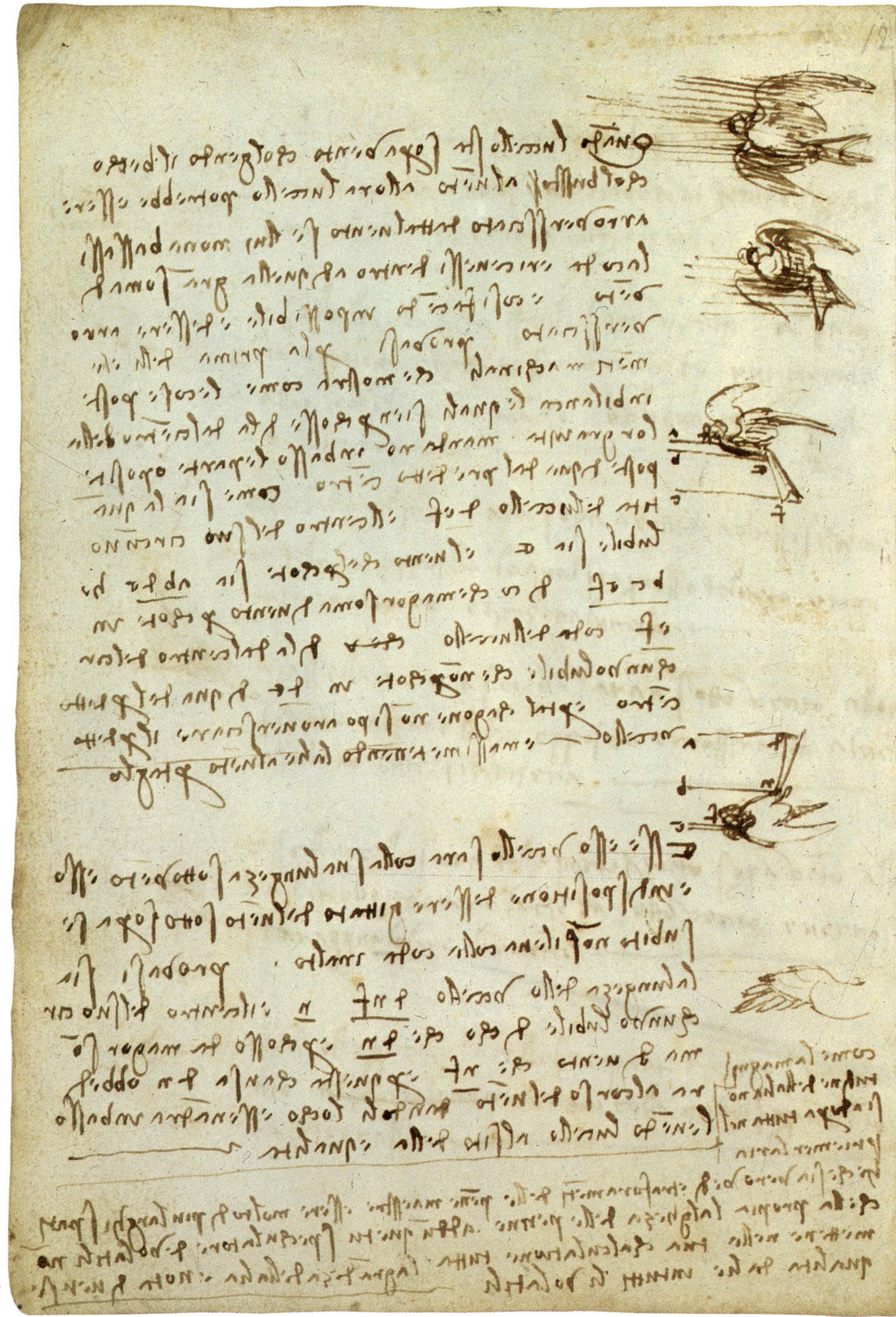

17

다.' 라고 썼다. 왜냐하면 해부학적인 차이를 근거로 새들은 사람이 갖지 못한 힘으로 날갯짓을 할 수 있어 보이기 때문이다.

사실 새들은 사람과는 다르게 날개를 움직일 수 있는 강한 가슴 근육과 하나로 된 견고한 가슴뼈를 갖고 있으며, 그 날개들은 근육과 매우 강한 인대로 짜여 있다.

레오나르도는 새들이 비행을 하고 균형을 잡기 위해 대체적으로 자신들이 가진 활동적인 힘 중 작은 부분만을 사용한다고 생각한다. 다만 특정한 경우, 예를 들어 약탈자를 피해 달아나거나 먹이를 쫓아 포획하기 위해 비행할 때에는 대단한 힘이 필요하다.

따라서 날개 치는 비행을 위해 필수적인 힘은 사람에 의해서도 얻어질 수 있다. 비행에 관한 이와 같은 새로운 입장에서 보면 사람은 더 이상 연구의 중심 대상이 아니다. 레오나르도는 조류와 조류 몸의 구조에서 연구를 시작한다. 당시의 날짜로 추정되는 「코덱스 아틀란티쿠스」의 폴리오 몇 개 그림 12, 14, 15; 843r, 825r, 1030r는 레오나르도의 이러한 연구 방향을 나타내고 있다.

인간의 비행을 유지할 수 있는 날개의 크기는 두루미나 펠리컨과 같은 조류의 연구로 계산된다.

코덱스 '조류의 비행에 관하여'의 둘째 부분 : 상승기류를 타는 비행에서의 균형

코덱스의 진행 경과를 편집하면서, 특히 폴리오 9r 그림 16에서 레오나르도는 조류와 비행기구 양쪽 모두에 관한 또 다른 문제, 즉 바람 속에서 비행의 균형을 유지하는 것에 관하여 더욱더 깊이 몰두한다.

이 경우에 바람은 추력을 공급하는데, 조종사와 비행기구는 균형을 유지하고 방향을

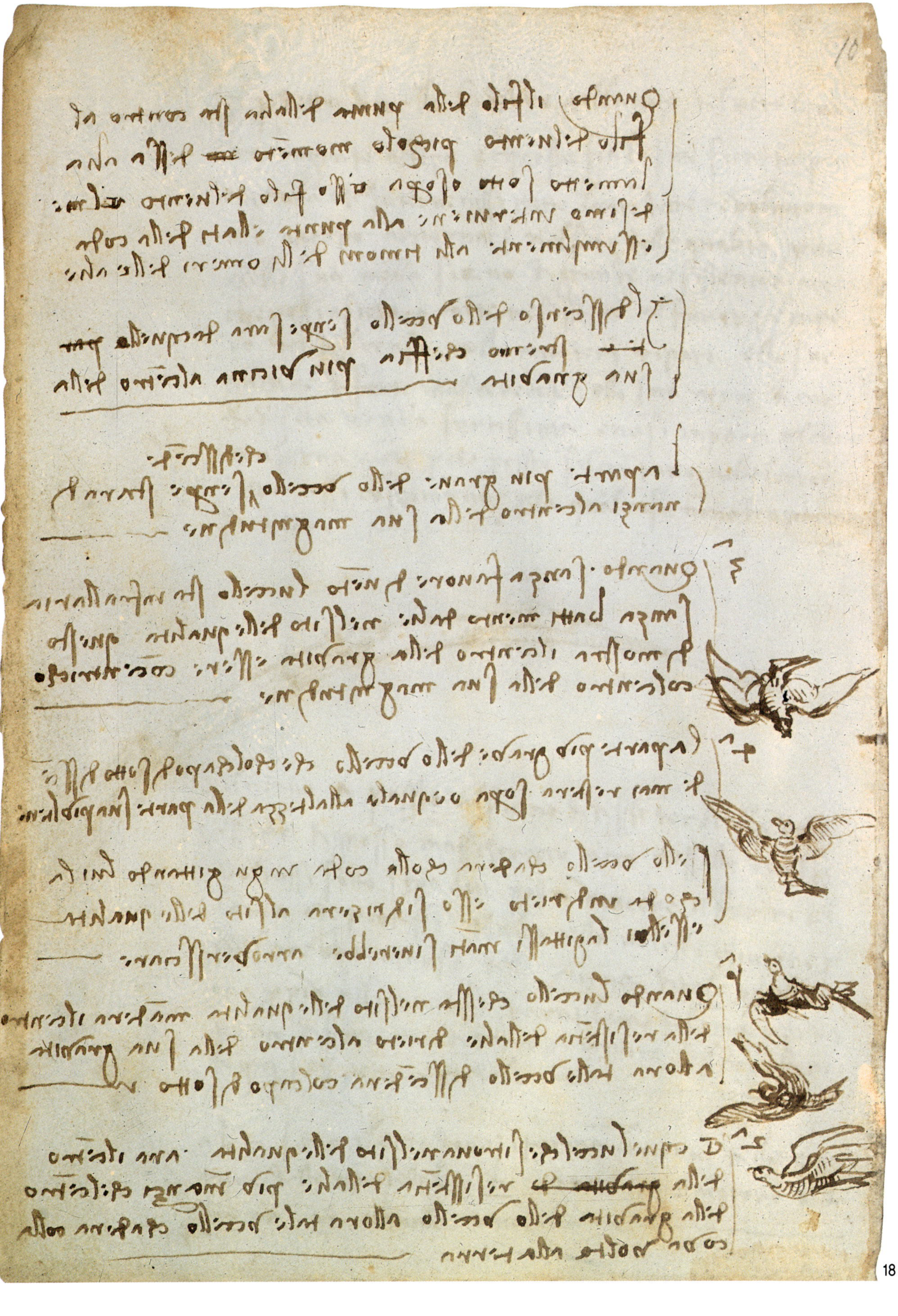

19-20 CV 7r과 (다음 페이지) 6v; 앞 페이지에서 언급되었던 새들의 평형비행을 모방하려는 기계 날개에 대한 연구(그림 17, 18, 23).

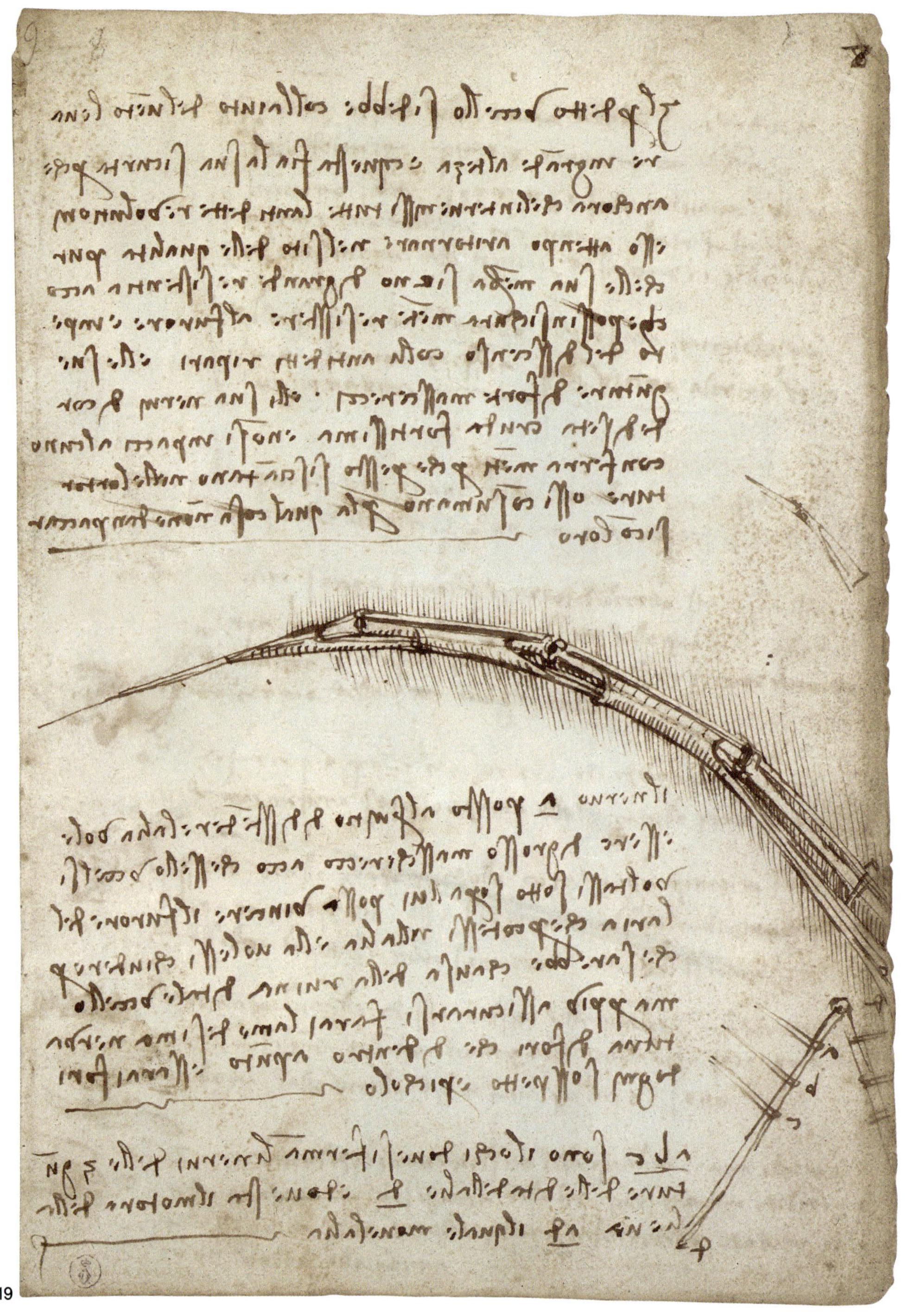

19

전환하며, 갑작스런 돌풍에 민첩하게 대처해야 한다. 폴리오 9r 그림 16은 오로지 새가 측면 돌풍에 수직으로 밀려난 후에 수평선과 평형상태를 이루는 방법에 대해 나타내고 있다. 이렇게 하기 위해서 새들은 한쪽 날개를 접거나 펼치는데, 마치 하나의 저울과 같이 평형상태를 회복하기 위해 평형추의 용도로 바람을 이용하는 것이다.

새의 꽁지와 작은 날개 또는 가짜 날개: 새의 날개 첫 마디에 있는 작고 단단한 깃털의 술가 평형상태를 유지하고 방향을 선회하는 데 도움을 주는 방법을 보여주면서, 레오나르도는 이후의 폴리오 그림 17, 18, 23; 8v, 8r, 7v에서 자신의 분석을 좀더 자세히 설명하고 있다. 그런 까닭에 바람 속에서 비행하는 조류의 내용이 풍부한 연구서의 말미에서, 레오나르도는 이들 자연의 움직임들을 모방하려는 몇 가지 기계장치 디자인 그림 19, 20; 7r과 6v을 완성한다. 더 이상 이 프로젝트의 핵심인 날갯짓은 없으며, 그것은 날개의 굽힘-펼침 굴신 운동에 관한 연구로 대치된다.

굽히고 펼치는 움직임이 추진력을 제공한다 할지라도, 이 연구는 원칙적으로 '공기의 맹렬한 변화' 7r로 인해 비행기구에서 '전복' 6v의 위험에 직면할 때, 비행 기동을 하면서 균형을 잡으려는 데 목적을 두고 있다.

조종사는 돌풍 속에서 방향을 잡기 위해 바람을 향해 날개의 노출을 변화시키는데, 줄과 막대를 가지고 유기적으로 구성된 날개를 접고 펼치기를 한다.

이 비행 기동에 대한 기본적인 전제는 비행기구가 지상으로 추락하기 전에 평형상태를 회복할 수 있도록 공간과 시간을 확보하기 위하여 충분한 고도로 비행해야만 한다는 것이고, 이에 대해 다음과 같이 언급하고 있다.

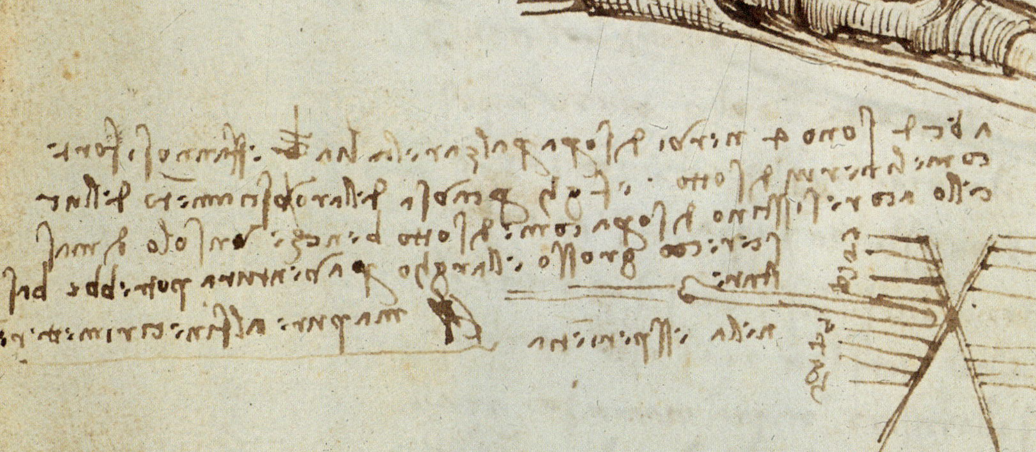

21-22 CV f. 4r & (다음 페이지) 1r; 정역학의 원리에 대한 연구들은 레오나르도가 인공 및 자연 비행을 연구한 코덱스의 다른 페이지들에서 자주 사용되었다.

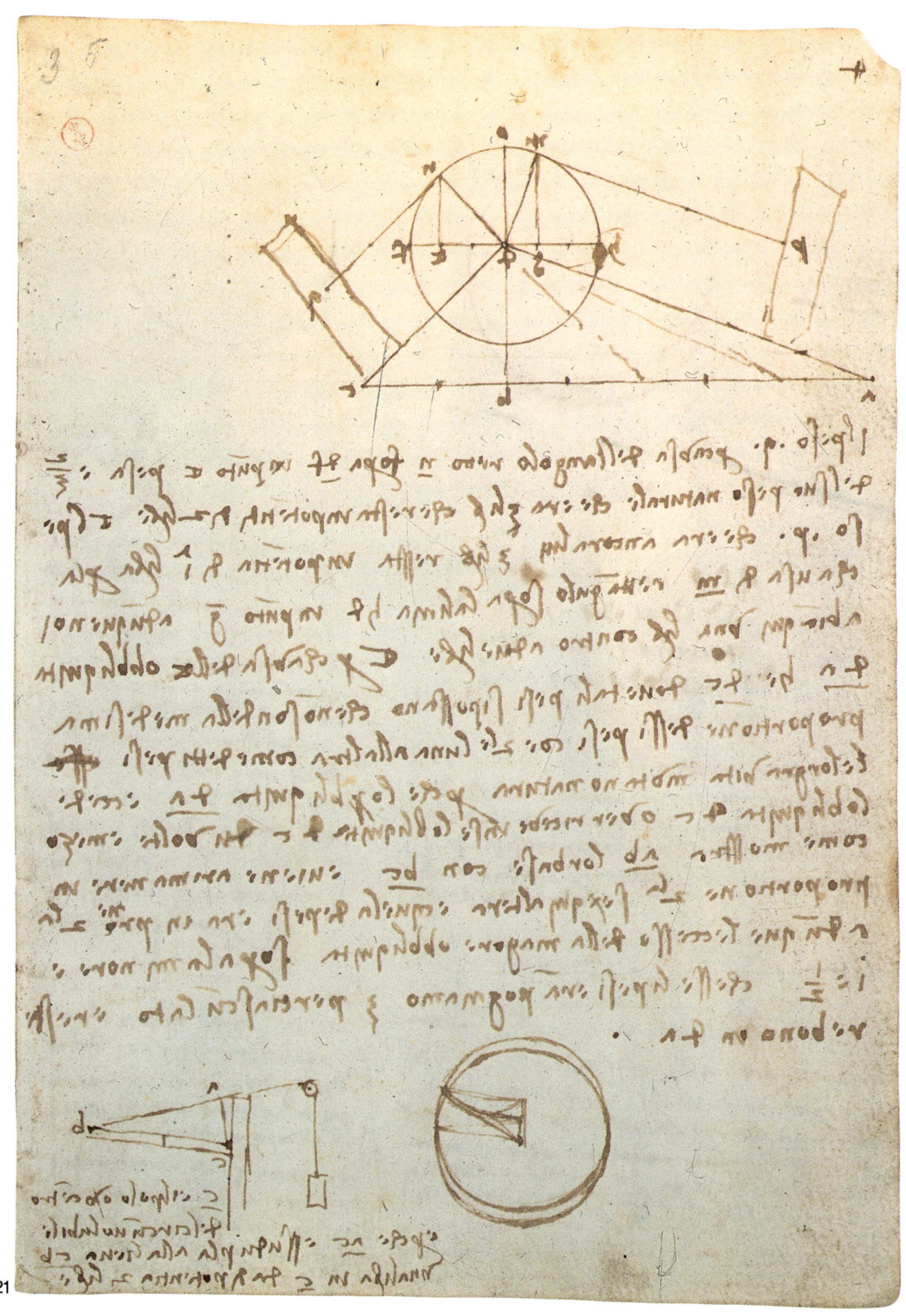
21

'바람의 도움이 필요한 이 새는 대단히 높은 고도에 도달해야만 한다. 이것이 자신의 보호수단이다.' 7r

코덱스 '조류의 비행에 관하여'의 셋째 부분 : 정역학의 원리

레오나르도는 코덱스의 서두에서 전개된 날개 치는 비행을 토대로 한 것과 상승기류를 타는 비행에 대한 프로젝트들을 통합하려고 하지 않는다.

그렇지만 코덱스의 또 다른 부분 그림 21, 22; 4v에서 1r까지의 폴리오들은 정역학에 대해 설명을 하고 있고, 또한 이것은 이전의 폴리오들에 포함되어 있는 비행 연구에 대한 부록이기도 하다. 자연 비행에 대한 관찰 이외에도 이 부분은 근본적으로 정역학에 관한 이론적인 고찰을 다루고 있다.

순수한 이론적인 관점에서 고찰된 이 부분의 많은 정역학의 원리들은 자연 비행을 이해하고, 앞서 말한 인위적인 비행을 계획하는 데 적용되었다. 예를 들면 여기에서 레오나르도는 중력의 중심, 혹은 이른바 경사면을 이용하는 몸에 대한 정적인 행위의 분석과 같은 논제를 추론해 낸다.

이 기간 동안 레오나르도의 정역학과 동역학에 대한 지식은 마치 역학상의 법칙을 시각화한 것 같은, 비행기구에 대한 선행적인 디자인을 더 이상 만들어 내지 않는다. 그는 기계학 이론과 자연 비행에 대한 연구, 그리고 기계화하는 디자인에서 한층 더 균형에 이른다.

후자의 형태와 기능은 비록 정역학과 동역학에 관한 미묘한 고찰들에 영향을 받지만, 레오나르도의 자연 비행 연구에 나타난 가장 큰 부분에 종속되어 있다.

지식과 행함이 일치하다 :
비행기구가 자연을 모방하다

그림을 그리는 것과 같이, 비행기구에 대한 프로젝트는 레오나르도의 기술적인 연구에서는 모사 또는 모방이다. 레오나르도는 이미 자연이 지배해 온 비행하는 피조물을 재창조하기 위해 집요하게 도전한다. 이러한 그의 작품은 그림을 능가하는 중요한 모사품인 것이다.

이 당시의 레오나르도는 자연적인 모델에서 흉내를 내고, 새의 비행에 관한 형태와 기능적인 능력을 모방하면서, 무엇이 자연 공간에 존재하는 진실인가를 재창조하려는 경향을 띤다.

1500년 이후, 레오나르도가 비행에 관한 연구를 다시 손에 들었을 때, 그가 비행기구에 대해 가장 자주 언급하면서 사용하는 단어가 바로 '새'이다. 이것은 이 부분에서 논의된 코덱스현재 토리노에 있는 레알레 도서관 소장로 인해 입증되었다. 종전과는 다르게 지식과 행함은 완벽하게 일치하고, 자연 관찰과 기술적인 재현 사이에서는 끊임없는 삼투 작용이 일어난다.

레오나르도의 생각으로는, 새에 대한 관찰과 연구가 때때로 자연에서 동물에 대한 인위적인 재창조와 일치하고 있는 것이다. 그리고 우리는 거의 깨닫지 못하지만 그는 이 두 가지 사이를 넘나들고 있는 것이다.

예를 들어 토리노 코덱스의 두 번째 부분에 있는 평형상태를 유지하는 조류의 비행기동 연구 9r, 8v, 7v에 관한 그의 모든 기록들은 3인칭으로 서술되어 있고 비행기구에 대해 언급하고 있는데, 그 예로 '새가 다른 곳을 보면서 바람을 안고 있을 때' 8v라는 표현을 들 수 있다.

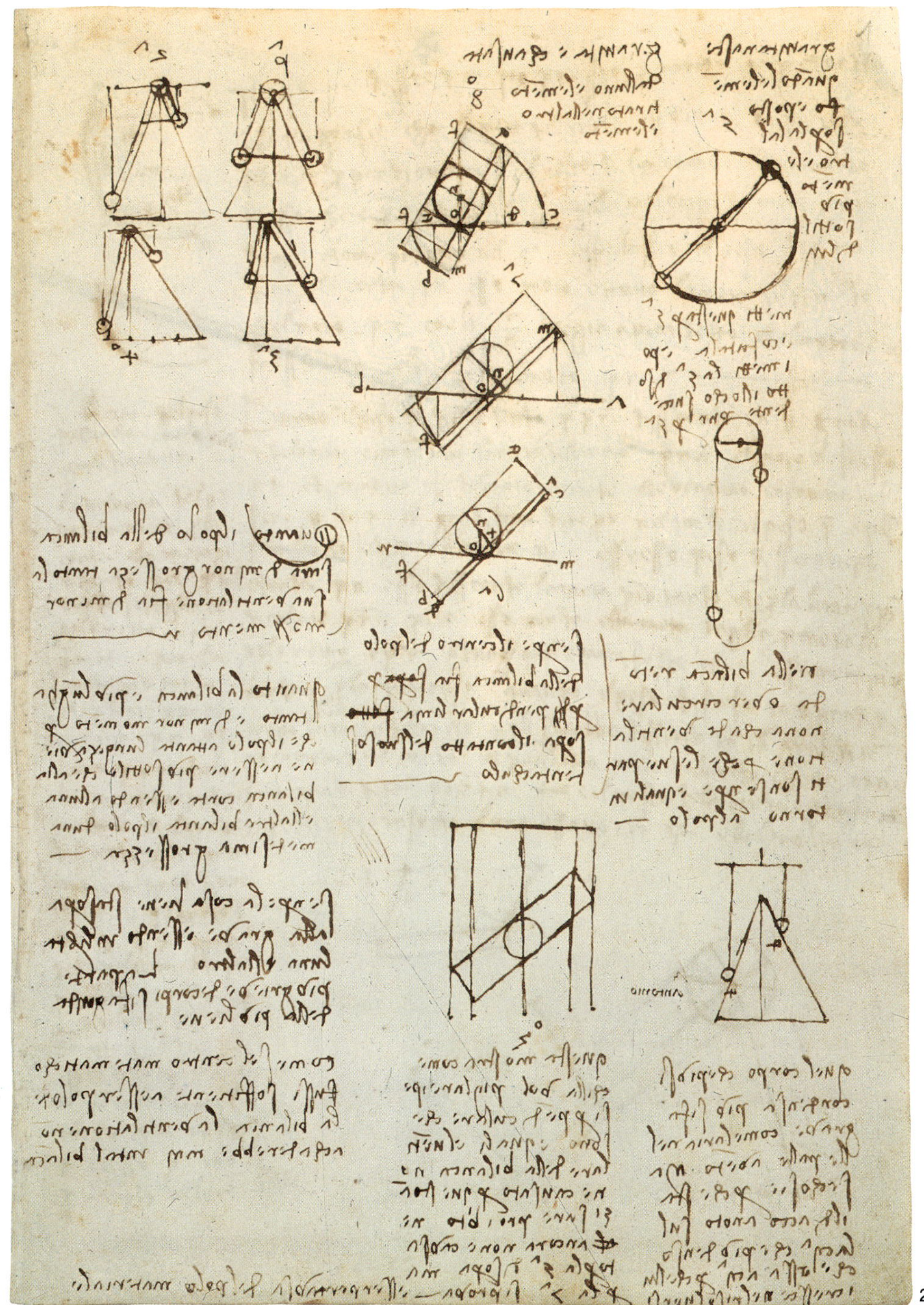

22

23-24 새의 평형비행에 대한 연구(CV 8r; 전체 그림과 세부). 그림 24로 확대시킨 스케치와 기록에서, 레오나르도는 실제 새에서부터 조종사가 탑승하는 '기계 새'까지 다루었다.

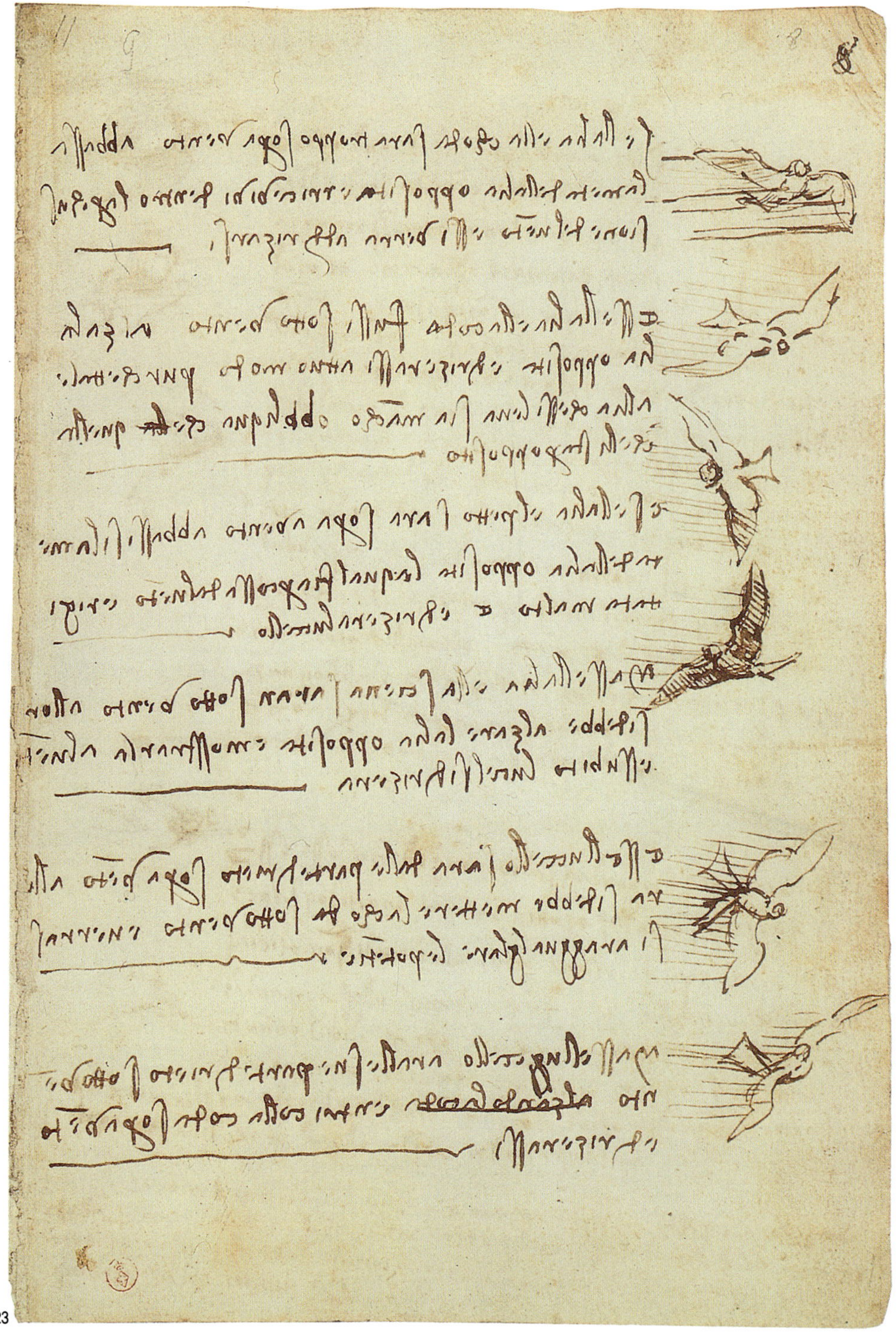

23

이 관찰그림 23; 8r, 새들을 줄지어 늘어놓은 듯한 그림이 그려져 있음의 바로 한가운데에서는 그 기록들이 2인칭으로 바뀌고 있는데, 레오나르도가 자신에게 말을 하거나 또는 비행기구의 조종사에게 말을 걸고 있는 듯하다.

'날개와 꼬리가 지나치게 많은 바람을 안고 있다면, 날개를 반 정도 낮추어라.'

레오나르도는 이런 '제안들' 또는 규칙들을 비행기구에 대한 기록과 디자인들을 담은 폴리오 6v그림 20에서 이야기하고 있는 듯하다.

'그리고 이것과 더불어, 만약 그 새가 거꾸로 뒤집히면, 이미 부여된 절차에 따라 지상에 부딪히기 전에 바로잡도록 충분한 시간을 확보하라.'

폴리오 8r에 있는 그림 하나그림 24; 그림 23의 위에서 네 번째는 '새'의 외형이 거의 인간이 만들어 낸 오니솝터ornithopter를 흉내 낸 듯 보인다. 이러한 개념적이고 시각적인 '변형'은 폴리오 15r그림 25에서 한층 더 명백하게 나타난다.

위의 두 그림과 아래에 있는 그림 하나는 '새'의 모양을 분명하게 보여준다. 그렇지만 비행의 평형상태에 관한 기록이 함께 있는 중앙의 두 그림은 비행기구를 묘사하고 있는 듯하다.

날개 밑에 그려진 원은 내부에 더 작은 원을 포함하고 있는데, 이것은 새의 몸과 머리 혹은 조종석의 조종사를 개략적으로 암시할 수 있다. 이것은 비행기구에 관한 기록들이 있는 폴리오 12v그림 26의 유사한 그림에서도 보인다. 같은 폴리오 12v의 윗부분에 있는 그림은 옆구리에 날개를 단 조종사를 개략적으로 보여주고 있다. 여기에서 레오나르도는 과도한 압력을 받는 비행기구의 취약점에 줄로 표시를 해놓았다.

비행하는 새들과 새들을 모방하는 것 사이의 유사점은 비행기구의 구조에 적용되며, 특히 날개에 있어서는 더욱 그러하다.

레오나르도는 이와 같은 방식에서 자신의 비행기구를 '새'라고 부르고, 그 '새'의 부분들 또한 해부학의 용어로 표시한다. 그는 날개를 움직이기 위한 줄-막대는 '신경' 예; 폴리오 6v이라 부르고, 날개 끝은 '손가락' 예; 폴리오7r이라 언급하고 있다.

심지어 비행 중인 새의 날개 부분을 해부학적 구조로 연구하는데, 이는 자연에 대한 레오나르도의 증가된 관심과 인간의 비행에 관한 연구의 특징을 증명한다. 자연에 있는 날개의 해부와 비행기구를 위해 설계된 '해부' 역시 오버랩된다.

예를 들어, 「코덱스 아틀란티쿠스」그림 28; 854에 그려진 날개는 기계 날개임이 거의 확실하다. 하지만 구조를 연구하기 위해 해부되고 그려진 자연의 날개와 밀접하게 닮은 점이 있다. 「코덱스 '조류의 비행에 관하여'」그림 29; 11v에 있는 두 개의 그림이 증명하는 것과 같이 유기적인 뼈 구조로 표현된 레오나르도의 '기계 날개'는 자연에서 발견되는 버전과 매우 가깝다.

유기적으로 구성된 날개에 대한 디자인은 시간이 가면서 자연의 날개와 점점 더 흡사해진다. 이미 언급된 것들과는 다른, 이러한 유사성이 가장 무르익은 예는 「코덱스 아틀란티쿠스」에 있는 폴리오 934의 프로젝트에서 발견된다그림 31; 1505~1506년경.

1480년대와 1490년대의 레오나르도의 그림에 등장한 무수히 많고 복잡한 말안장의 발걸이 및 프로펠러 시스템들을 떠올려 보면, 우리는 이러한 이후 설계에서 조종사는

24

25-27 CV15r & 12v 편지의 세부.

28 아래쪽에 있는 연구(CA 854r)는 거의 확실하게 기계 날개에 대한 것이지만, 뼈 마디(체절)와 관절이 있는 자연 날개와 매우 유사하여 몇 가지 의문을 남긴다(페이지의 중간 부분에는 비행기구에 대해 언급되어 있고, 좀더 이른 날짜로 기록되어 있다; 1487~1490년경).

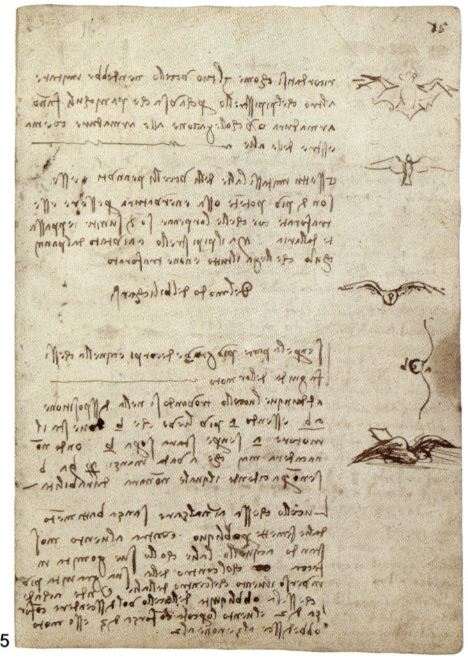

25

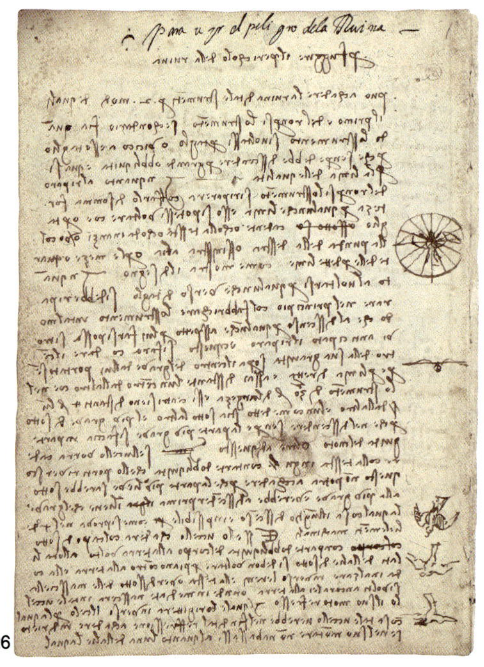

26

27

더 적은 '기계류'를 사용하면서, 더 적거나 혹은 더 많은 수의 막대와 도르래로 구성된 방향 조종 시스템을 사용해서 날개를 움직인다는 것을 깨닫게 된다.

심지어 기계 날개의 내부 구조는 새의 날개 구조와 비슷하다. 레오나르도는 날개 치기와 상승기류를 타는 자연 비행 둘 다를 흉내 낼 수 있다고 여전히 확신하고 있었다. 그러나 그의 접근은 자연에 가까워질수록 더욱 난해해진다.

또한 그의 사고 과정은 더욱 자연주의적인 방향으로 흐른다. 「코덱스 '조류의 비행에 관하여'」를 기록하던 시기는 회화작품 〈앙기아리 전투the Battle of Anghiari〉[15] 그림 32; 1504~1506년경를 작업하던 시기와 거의 비슷하다.

〈앙기아리 전투〉를 준비하기 위해 레오나르도는 예비 연구그림 30, 33, 34를 진행하게 되는데, 이때 그는 대체로 사람뿐만 아니라 동물에 관해서도 해부학적이고 심리학적인 탐구에 집중하게 된다.

비교 해부학을 통한 동물 연구로 인해 그는, 자신의 인간 비행에 대한 연구에 영향을 주는 사람과 동물 사이의 해부학적이고도 심리학적인 관계에 더욱 다가서게 된다. 레오나르도는 새들이 만들어 낸 평형상태의 비행에 흥미를 가지게 되고, 새들의 '지혜'인 본능적인 비행기동 능력을 깨닫고 연구한다. 그는 이 아이디어에 집착하며 그것을 새의 '영혼'이라고 생각한다.

비행에 관한 탐구는 레오나르도의 다른 작품에서와 같이 육체와 영혼 사이에서 심신의

15) the Battle of Anghiari: 1440년 피렌체가 밀라노를 격파한 전투를 소재로 한 그림. 미완성으로, 모작으로만 전해지고 있다.

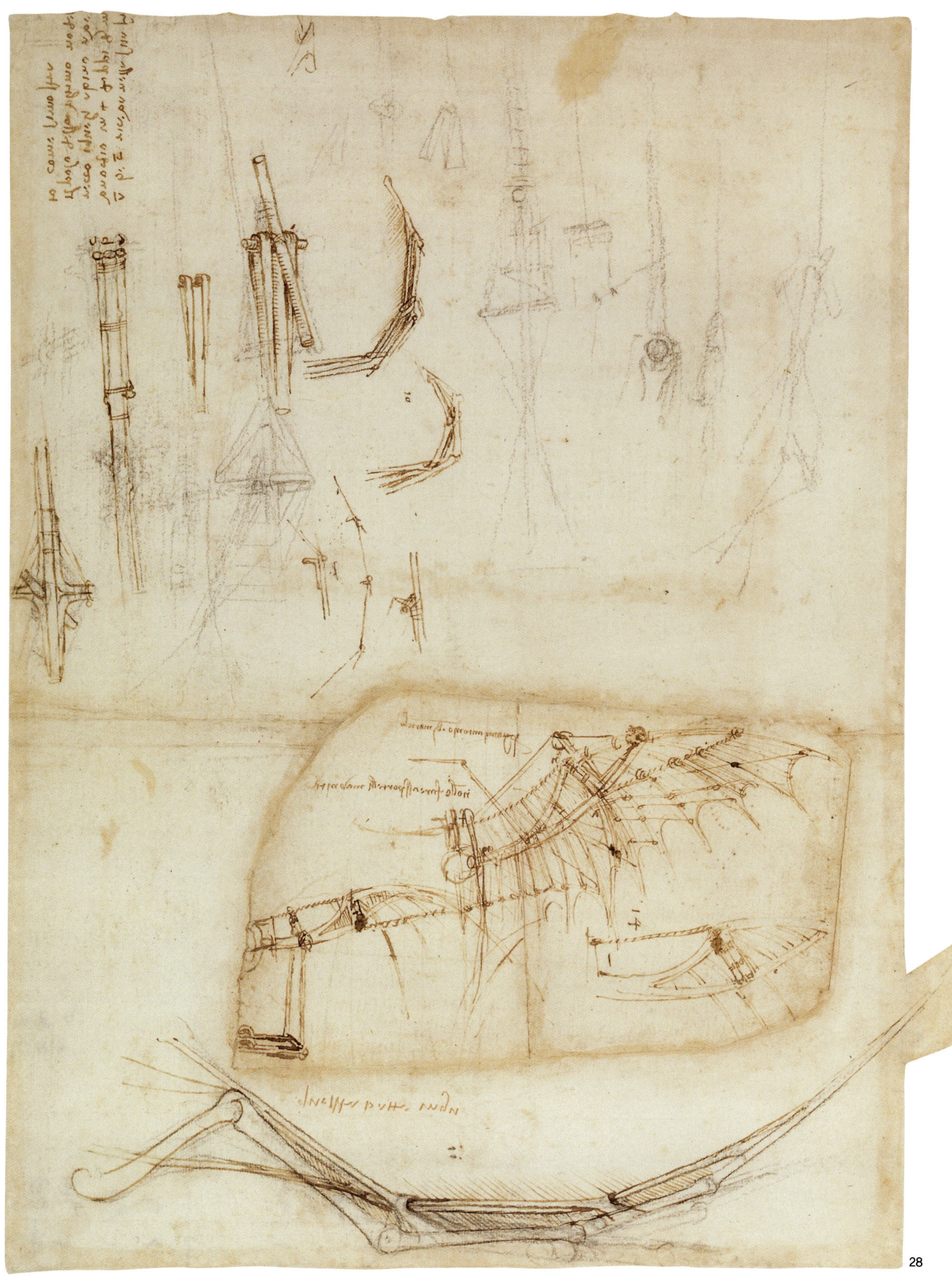

29 기구의 날개에 대한 연구(CV 11v). 아래쪽에 있는 그림들은 자연 날개의 뼈의 구조와 매우 닮았다.

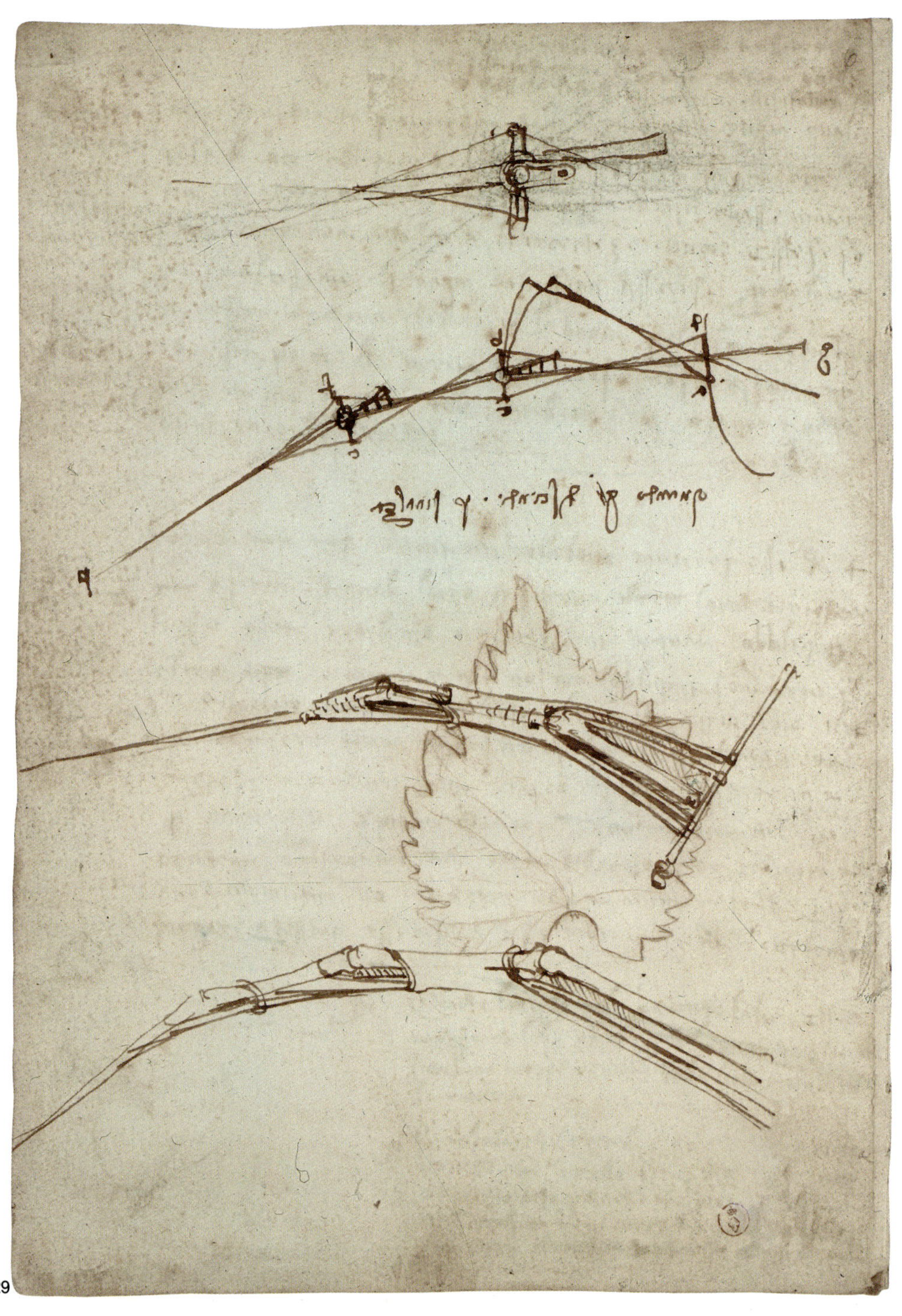

29

상호작용과 연관된다. 그 상호작용은 자연철학의 학문적 전통으로부터 레오나르도에게 전해진 유산이며, 그는 새롭고 독창적인 방법으로 그것을 발전시키려고 한다.

그림으로 나타내는 모방처럼, 그가 가진 근본적인 의문 중 하나는 생기animatio, 즉 사람과 동물이 움직임과 '육체적 언어body languane'를 통해 표현하는 정신적 혹은 감정적인 충동과 생각들에 대한 것이다.

레오나르도는 '기술적인 모방'에 관해서 접근하던 것과 비슷한 방법으로 영혼의 문제와 만난다.

'새는 자연 법칙의 수학적 계산에 따라 소용되는 도구이다. 이 도구의 모든 동작을 재현하는 것은 사람의 능력 범위 안에 있다. 그러나 동일한 힘을 가지는 것은 아니며, 단지 균형을 잡는 동작에 한할 뿐이다. 따라서 사람에 의해 만들어진 이 도구는 사람의 영혼으로 본뜬 것에 틀림없는, 단지 새의 영혼만 부족한 존재라고 말할 수 있다.' CA 434r

이 구절의 마지막 줄은 모사되는 사물이 영혼을 가질 경우에 자연의 정확한 모방에 놓이는 필요뿐 아니라 한계도 나타낸다.

이 마지막 부분은 그림으로 모사하는 데 있어서 유사한 어려움을 토로한 레오나르도의 「회화에 관한 논문」의 한 부문과 비교될 수 있다.

'회화에는 모사된 것들의 영혼조차도 없다.' 1500~1505년경; §15

레오나르도는 진짜 새의 '영혼'을 가장하기 위하여, 자신이 자연으로부터 베낀 그 '새' 안에 조종사를 배치한다. 조종사는 자연적인 면에서 더욱 '영적인 존재'일 수 있으나, 새로운 발명품의 주인공 또는 수익자가 아닌 단지 전체의 한 요소일 뿐이다.

구글리엘모 백작, 코덱스 '조류의 비행에 관하여'를 훔치다

레오나르도의 「코덱스 '조류의 비행에 관하여'」(아래 왼쪽 그림)와 다른 필사본들은 나폴레옹(Napoleon; 아래 초상화, 앵그르 작)의 명령에 따라 파리로 옮겨져 프랑스 협회(institute de france, 아래 오른쪽)에서 보관하였다. 작품은 1800년대에 그곳에서 보관되다가 구글리엘모 리브리 백작에게 도둑맞는다. 한참 후에야 되찾게 되었고, 토리노(Turin)에 있는 레알레 도서관(Biblioteca Reale)으로 옮겨졌다.

나폴레옹은 레오나르도가 저술한 많은 원고들은 물론 「코덱스 '조류의 비행에 관하여'」도 파리로 가져오도록 명령했다. 실제로 이 사건은 코덱스의 첫 번째 도난이었다.

1800년대의 파리에서는 레오나르도의 코덱스들이 많은 학자들의 관심을 끌었는데, 이 학자들 중에는 이탈리아인 구글리엘모 리브리Guglielmo Libri 백작이 있었다.

그는 과학자이자 수학자였고, 과학역사가이기도 했다. 이런 배경으로 볼 때 그는 레오나르도의 가치 있는 자료를 참고하는 데 접근이 어렵지 않은 인물이었을 것이다.

그러나 그는 여기서 멈추지 않았다. 그는 「필사본 B」에서 「코덱스 '조류의 비행에 관하여'」 전체를 떼어내는 것뿐 아니라, 「필사본 A」와 「필사본 B」에서 여러 장의 페이지를 떼어냈다.

여기에는 또한 가정이 있는데, 리브리가 주변의 의심을 사지 않고 페이지들을 떼어내는 데 사용했던 방법에 관한 것이다. 그는 염산을 적신 줄을 사용한 것으로 생각되는데, 그는 그 줄을 가지고 와 코덱스에 책갈피처럼 꽂아둔 듯하다.

밤이 지나는 동안, 혹은 며칠 사이에 염산은 그 페이지를 부식시켰으며,

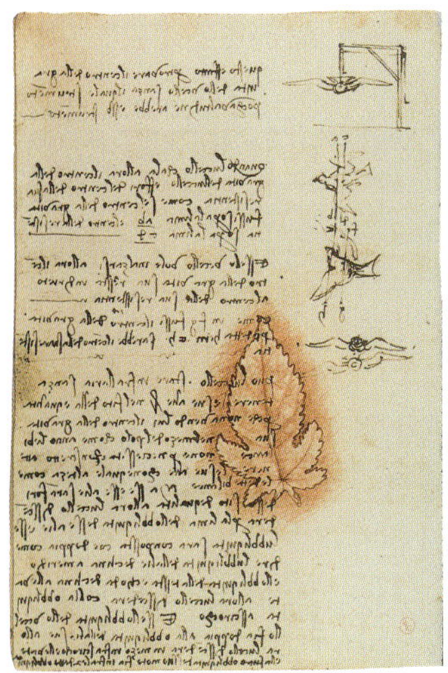

그는 칼이나 다른 의심이 될 만한 도구를 사용하지 않고 페이지를 떼어낼 수 있었다.

리브리는 페이지들을 떼어내자마자, 그것들을 판매하는 데 보다 나은 방법을 찾아냈다. 그는 「필사본 A」와 「B」에서 떼어낸 페이지들을 작은 인쇄물로 만들고, 「코덱스 '조류의 비행에 관하여'」는 분할하였다. 이 모든 행동들은 분명히 자료의 불법적인 출처를 감추기 위함이었을 것이다.

「코덱스 '조류의 비행에 관하여'」는 흩어져서 없어졌고, 다섯 개의 폴리오는 런던에서 팔려 서적 수집상인 찰스 페어팩스 머리Charles Fair-fax Murray의 소유가 되었다가 결국에는 제네바에 있는 헨리 파치오Henry Fatio 컬렉션으로 들어가게 되었다. 다른 13개의 폴리오들은 시어도어 사바치니코프Theodore Sabachnikoff의 손으로 들어갔다. 1893년에 그는 불완전함에도 불구하고 코덱스를 출판했다.

불과 1920년경이 되어서야 베네치아 협회Reale Commissione Vinciana와 엔리코 카루소의 노력으로 이탈리아 정부는 잃어버린 페이지들을 되찾을 수 있었다.

본래의 형태로 되돌아온 코덱스는 토리노의 레알레 도서관Biblioteca Reale에 소장되었다.

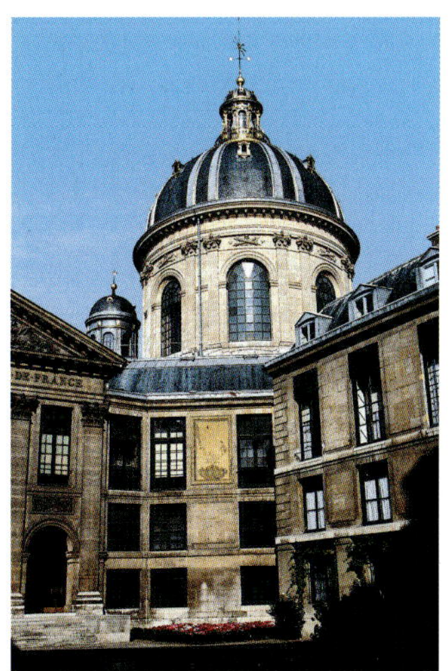

30, 32 앙기아리 전투 (the Battle of Anghiari)의 밑그림(1505~1506년경; 베니스, 아카데미아, no. 215A)과, 같은 이미지의 작자 불명의 모사본.

31 기계 날개에 대한 연구 (1505~1506년경; CA 434r).

33 인간과 몇몇 동물들(말과 사자)의 모습 비교 (1504~1506년경; W 12326r).

30

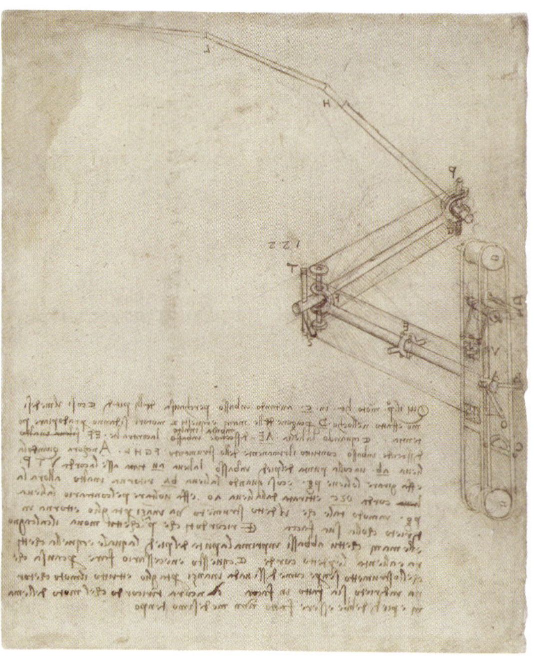

31

32

레오나르도가 처음 밀라노에 체류하던 때의 '조종사-영혼 pilot-soul' 프로젝트는 오로지 힘, 곧 비행기구를 들어올리는 데 필요한 근육의 힘만을 다루었다.

나중에 동물의 해부학적 연구와 동물 지능의 평가에 대한 관심이 재개되면서 상승기류를 타는 비행에 관한 관심이 증대된다. '조종사-영혼'은 기류를 이용하는 데 필요한 비행기동의 기량을 제공한다.

'손발의 미세한 움직임을 거의 감지할 수 없는 인간의 영혼에 반응하는 그런 수족들보다, 새의 날개는 훨씬 더 자신의 영혼의 요구에 확실히 반응할 것이다. 그러나 우리가 새들에게서 관찰한 많은 미묘한 움직임들은 인간이 배울 수 있는 것들이며, 이것은 인간이 비행기구의 영혼과 조종사이기에, 비행기구를 추락으로부터 보호할 것이다.' 그림 31의 내용

움직임에 있어 '조종사-영혼'에 필요한 다양함과 섬세함은 그림들 속에 있는 가장 난해하고 미세한 영혼의 자극을 표현하는 데 필요한 다양한 움직임들에 대해 기술적으로 대등한 것처럼 보인다.

예술적인 생기는 기술적인 생기를 위한 탐색에서 그 경쟁자를 찾는다.

이와 같이 1490년대에 비행기구는 인체의 동적 잠재능력에 관한 무한한 믿음의 표현이었다. 이제 레오나르도는 인간과 동물 사이의 기능적이며, 심지어 심리학과 해부학적 접근에도 자신감을 가지고 있다.

자연에 관한 연구는 이전보다 더 강렬하게, 바람을 이용하는 새의 '영혼'과 본능까지도 흉내 낼 수 있음을 믿도록 레오나르도를 이끌고 있다. 그렇지만 그의 높은 열망 속에는 이미 불확실함의 씨앗이 싹트고 있었다.

새들의 비행에 관한 열정적인 연구로 인

33

34 인간의 다리와 말의 다리를
상대적으로 비교한 연구
(1506~1508년경; W12625).

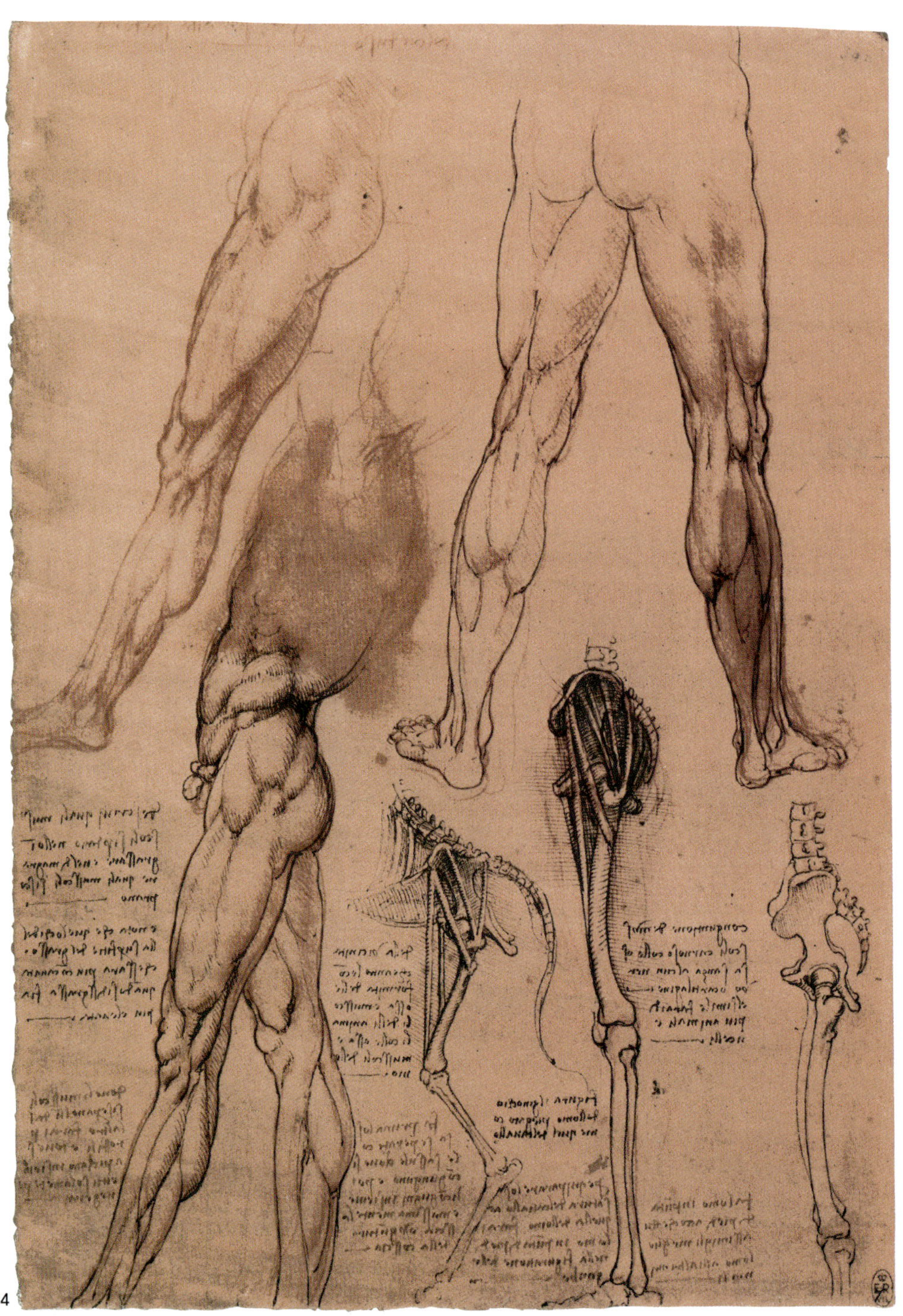
34

해 레오나르도는 새삼스럽게도 마지막 인용문에 함축된 바와 같이 바람 속에서 비행기동을 하는 새들의 매우 미묘한 능력을 깨닫게 된다.

동일한 구절의 첫 번째 줄은 새들을 모방할 수 있다는 인간의 능력에 대해 커져가는 의혹을 표현하고 있다.

현재 「코덱스 아틀란티쿠스」에 있는 몇 장의 단일 페이지들에는 「코덱스 '조류의 비행에 관하여'」에 있는 것들과 매우 비슷한 기록들이 있다.

이 폴리오들의 대부분은 잘 알려지지 않았다. 그 이유는 이 모든 것이 1503~1505년의 같은 시기에 일어난 일이기 때문이다. 이것들 중 하나가 「코덱스 아틀란티쿠스」에 있는 폴리오 357r 위 왼쪽 그림이다. 그 폴리오의 뒷면에는 다음과 같은 메모가 있다. '피렌체, 1503년 4월.' 하지만 이것은 레오나르가 쓴 것이 아니다.

폴리오 앞면의 오른쪽 하단 구석에는 비행기구에 있는 조종사를 그린 스케치가 있는데 이것은 「코덱스 '조류의 비행에 관하여'」에 있는 폴리오 5r의 윗부분 그림 내용과 매우 비슷하다.

이 스케치 위에 있는 기록은 뒤에서 다루는 것과 같은 주제인 비행 중의 평형상태를 다루고 있는데, '새 안에 있는 사람은 자신의 무게중심보다 약간 더 높은 위치에 있다.' 라는 글이 적혀 있다.

개략적이고 동일한 시기에 스케치된 비행기구에 있는 조종사의 그림은 「필사본 L」의 폴리오 59 위 오른쪽 그림, 비행기구 조종장치의 스케치 하단에서 볼 수 있다. 이것 바로 위로 보이는 타원형 경로 역시 비행과 연관될 수 있으며, 「필사본 K」 및 「코덱스 '조류의 비행에 관하여'」와 동일 시기로 추정되는 「필사본 K'」의 폴리오 13r과 「코덱스 아틀란티쿠스」의 폴리오 186v 아래 왼쪽 그림의 내용과 같이, 동일 시기의 연구와 관련하여 보아야 한다.

「코덱스 아틀란티쿠스」의 폴리오 357r 위 왼쪽 그림로 돌아가면 폴리오의 나머지를 포함한다, 척도를 나타내는 정역학에 관한 연구들은 「코덱스 '조류의 비행에 관하여'」를 상기시키는 비행과 관련이 있는 또 하나의 주제이다. 그 페이지의 오른쪽 위에 레오나르도가 적어넣은 수수께끼의 분위기 또한 우리에게 후자를 생각나게 한다.

'그것은 땅속에서 올라와, 공포스러운 울음소리로 주위를 온통 놀라게 하며, 그것의 숨소리는 사람을 죽이고, 도시와 성들을 파괴할 것이다.'

이 예언자적인 어조는 토리노 도서관에 있는 코덱스를 떠올리게 한다.

'거대한 새의 첫 비행은 위대한 체체로의 배후일 것이다.'

「코덱스 '조류의 비행에 관하여'」와 동일한 시기에 기록된 「코덱스 아틀란티쿠스」의 또 하나의 폴리오는 폴리오 202r 아래 오른쪽 그림이다.

그 뒷면에는 피렌체 역사 속 특별한 삽화를 그리도록 레오나르도에게 맡겨졌던, 그 유명한 〈앙기아리 전투〉의 묘사가 있다. 그 페이지의 중앙과 아랫부분에서 보이는 몇 가지 날개의 스케치들은 「코덱스 '조류의 비행에 관하여'」의 폴리오 11v와 폴리오 7r에 삽입된 것들과 매우 유사하다 그림 19, 29. 끝으로 회화적인 입장에서 보면 폴리오 186 특히 폴리오 186r에는 「토리노 코덱스」 뒷면의 타원형 경로는 이미 언급되었음와 대단히 밀접한 기록이 있다. 이것은 프로이트가 연구한 유명한 어린시절의 기억을 담은 폴리오로 다음과 같이 적고 있다.

'이것은 검은 솔개에 대한 것이며, 나의 운명인 것처럼 보인다. 왜냐하면 어린시절의 최초 기억 속에서 내가 요람에 누워 있을 때 솔개 한 마리가 내려와서 꽁지로 내 입을 열고, 그 꽁지로 입 안을 여러 번 두드렸던 것으로 여겨지기 때문이다.' CA 186v

코덱스 아틀란티쿠스의 비행에 관한 연구

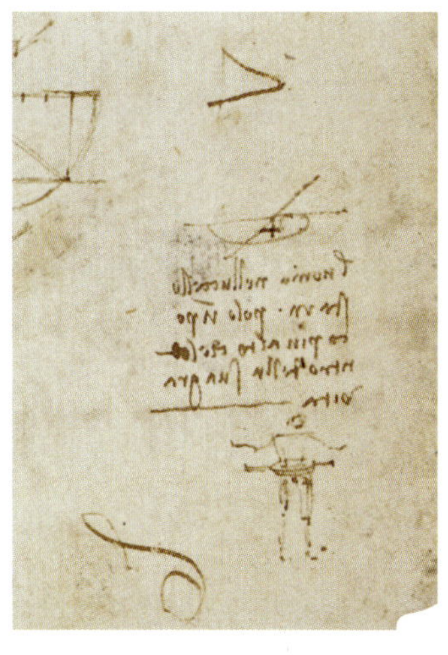

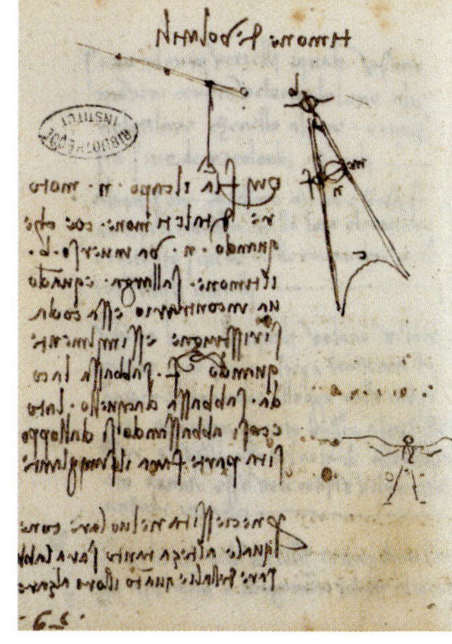

CA357r에 나타난 비행기구를 탄 조종사에 대한 스케치(세부, 위 왼쪽 그림)와 「필사본 L」의 폴리오 59r(위 오른쪽 그림). 「코덱스 아틀란티쿠스」에 있는 것 중 비행에 관한 잘 알려지지 않은 다른 연구들은 「코덱스 '조류의 비행에 관하여'」에 대한 암시이다. [CA 186r(아래 왼쪽 그림)과 202r(아래 오른쪽 그림); 전자의 뒷면에는 프로이트가 분석한 유년기의 내용이 있고, 후자의 뒷면에는 〈앙기아리 전투(the Battle of Anghiari)〉에 대한 서술이 있다.]

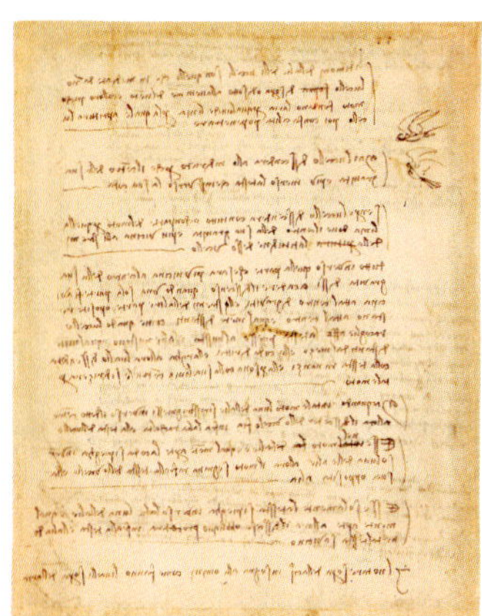

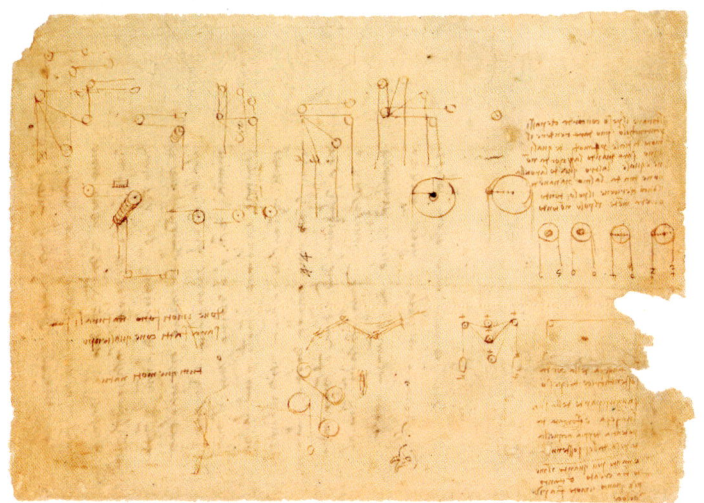

Corda longitudinale [illegible] e 3 nervi [illegible]
el il primo [illegible] termina in n e il 2°
nella [illegible] in a e 'l 3° e l'ultimo
della corda longitudinale [illegible]
termina in [illegible]
[illegible] in [illegible]
[illegible] in o

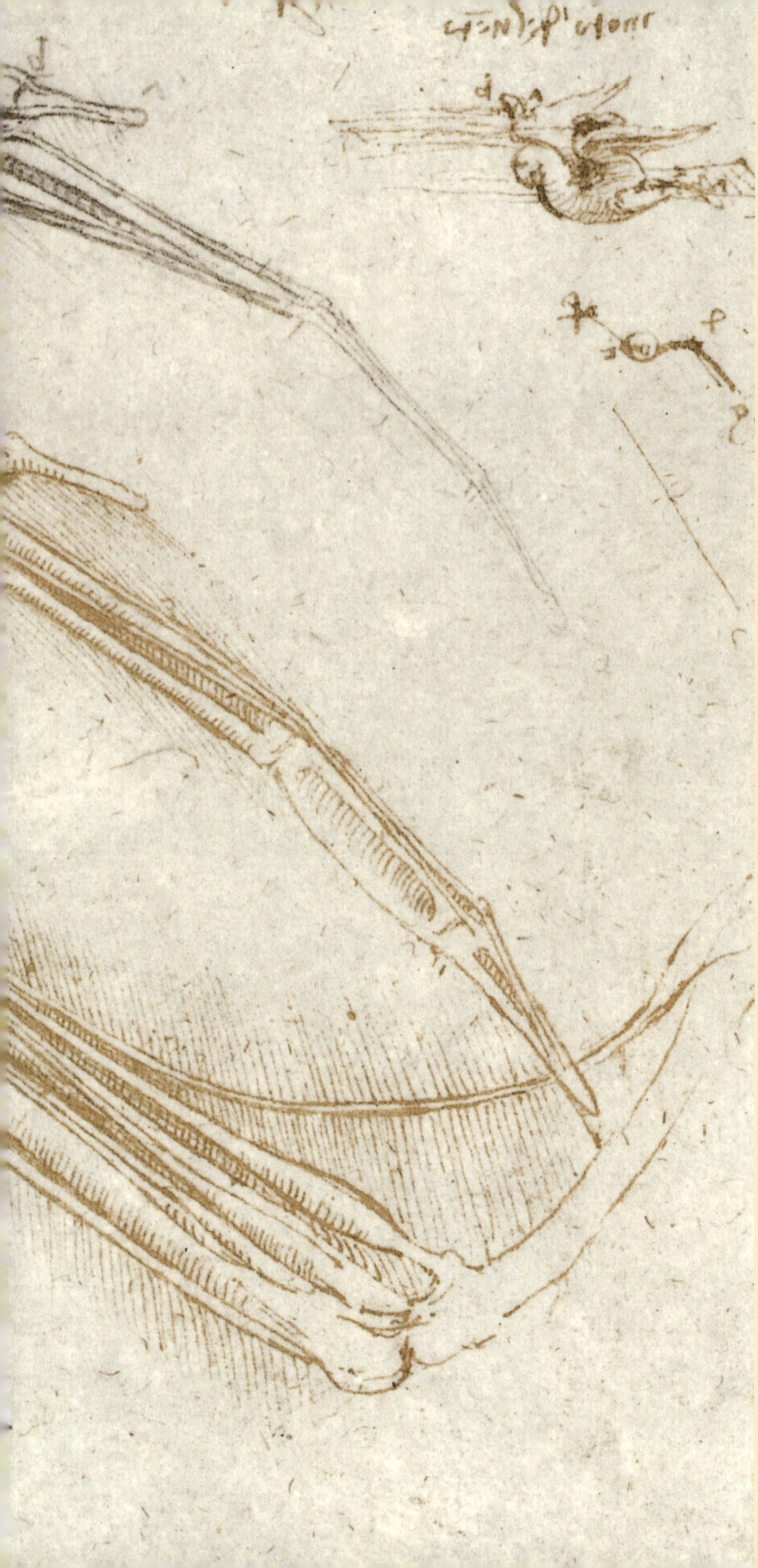

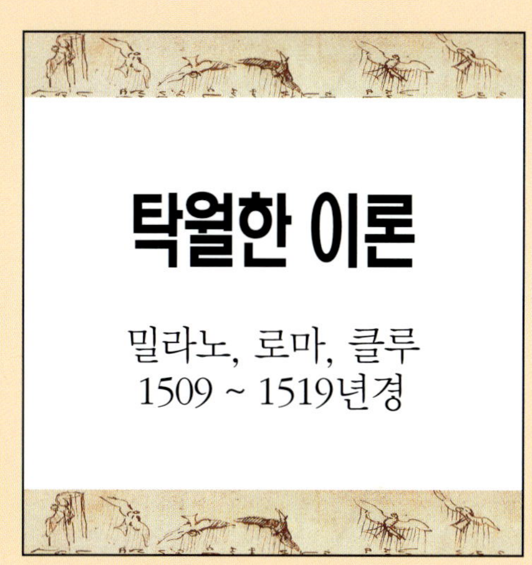

탁월한 이론

밀라노, 로마, 클루
1509 ~ 1519년경

레오나르도는 생애의 마지막 기간 동안에도 인간 비행에 대한 생각을 단념하지 않고 이론적인 연구에 깊이 빠져든다.

이론이 현장 실험과 알맞게 조화되던 초기 연구의 지식과 행함의 끊임없는 상호 작용은 이제 방해를 받게 된다.

레오나르도는 연구의 마지막 단계에서 비행 자체에 관심을 갖게 되며, 이러한 상황은 비행 연구에 영향을 준다. 게다가 레오나르도는 간단하고 재미있는 실험에도 손을 대기 시작하며 기계 장치 발명에서 즐거움을 얻는다.

이러한 모든 일들은 모두 비행과 관련되어 있으나, 순수하고 간단한 '기분 전환용' 처럼 보인다. 그것은 레오나르도에게 있어 잘못된 망상을 이겨낼 수 있는 즐거움의 세계를 향한 탈출구이자, 그가 지속적으로 추구했던 꿈이기도 하다.

1 다양한 형태의 동작(Ms. E 42r).

2 〈노아의 홍수〉
(1513~1518년경; W12380).

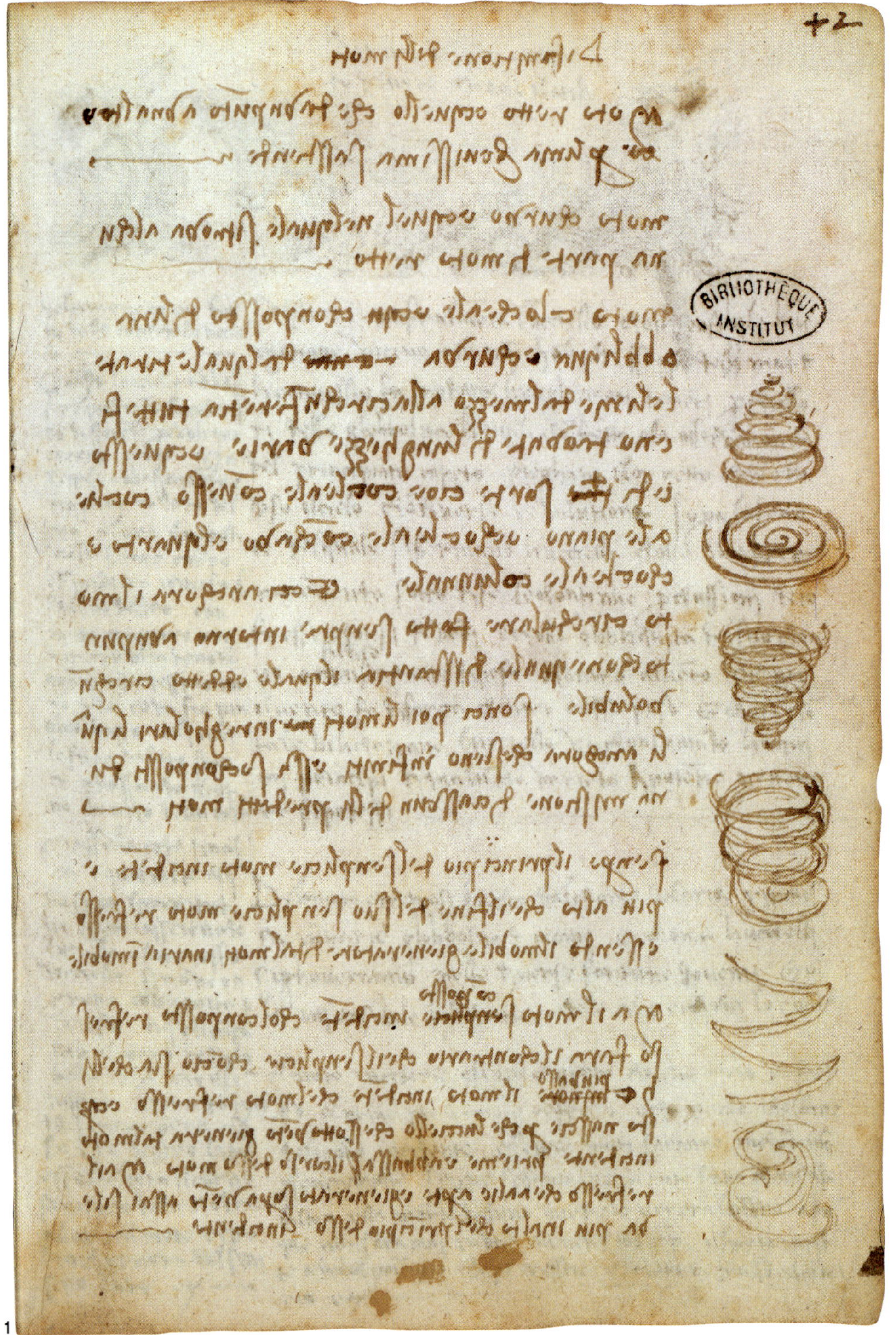

1

'과학적 지식이 없이 경험'만을 사용하는 사람들의 오류에 관하여

'과학적 지식이 없이 경험에 매혹되는 사람들은 방향타와 나침반 없이 항해하여 결코 가고자 하는 곳에 이를 수 없는 조타수와 같다.'

이 글은 레오나르도가 「필사본 G」의 폴리오 8r에 쓴 글귀이다.

일반 대중의 생각과는 달리, 레오나르도는 생애의 마지막 기간 중에도 인간 비행의 아이디어를 단념하지 않고, 두 가지 형태의 비행, 즉 날개와 근육의 힘으로 젓는 활동적인 비행과 바람 속에서 비행기동을 하는, 상승기류를 타는 비행에 대해 계속해서 고민한다. 하지만 그럼에도 불구하고 이 분야에 관한 그의 연구는 점점 더 줄어든다. 말년에 작성된 레오나르도의 저술은 이론적이고 인식력 있는 연구가 비행을 좌우한다는 것을 보여주는데, 여기에는 실행할 수 있는 구성요소인 비행기구의 구조물에 대한 부분이 결여되어 있다.

「필사본 G」에 있는 기록은 레오나르도의 생애에서 매우 늦은 시기에 쓰인 것이다. 우리는 그가 1510~1515년 사이에 로마 혹은 밀라노에 있었다고 추정하고 있다. 그는 1506년에 처음 피렌체를 떠났고, 다음으로 정확히 1508년에 다시 한 번 피렌체를 떠난다. 그는 프랑수와 1세François I King of France[16]의 초청이 있던 1517년까지 로마와 밀라노 사이를 왕래하였고 그 이후부터는 프랑스에 정착하여 살다가 1519년에 그곳에서 죽음을 맞는다. 앞에서 인용된 구절에서 레오나르도는

16) François I King of France : 1494~1547년, 프랑스의 국왕(재위 1515~1547년).

2

3-5 두 가지 상반되는 컨셉의 노아의 홍수. 자연의 힘이 레오나르도의 컨셉을 지배하는 반면(1513~1518년경; 그림 4; W 12376), 미켈란젤로의 그림은 인간이 지배한다(시스틴 성당, 1509~1511년경; 그림 3, 5).

3

4

'실용적인' 지식과 스스로 거리를 둔다. 그 지식은 레오나르도가 미술과 공학 모두를 접했던 공방 경험의 특징이며, 피렌체에서 보낸 젊은 시절의 토대를 이룬 것이다. 피렌체 공방은 그가 훈련을 받은 곳이며, 인간 비행에 관한 최초의 아이디어를 착안했던 곳이기도 하다.

이제 이론, 즉 순수과학은 처음의 장소로 이동한다. 바람, 공기, 그리고 자연 비행에 관한 수많은 이론 연구들이 이 시기에 이루어졌다. 상대적으로 '실용적인 측면' 곧 비행기구의 구조물을 다루는 연구들은 그 수가 많지 않다.

레오나르도의 사고 경향은 자연을 이해하는 것과 자연에 대해 기술적으로나 예술적으로 모방하는 것이 교차적으로 흐르는 형태를 보였는데, 이제 이것은 방해를 받는 듯하다. 그의 연구는 실용적인 측면으로 가지 못하고 이론에만 머무른다.

지식은 더 이상 행함과 일치하지 않는다. 르네상스는 멀리서 전환점을 돌고 있고, 그것을 이끄는 말은 밀려서 퇴각하고 있는 듯 보인다.

바람과 조류에 대한 이론적인 연구

1513~1514년경에 레오나르도가 작성한, 비행을 주제로 한 「필사본 E」의 한 부분은 이 주제에 관하여 레오나르도가 연구한 마지막 단계의 좋은 예가 된다. 기록의 몇 가지 제목들이 눈길을 끄는데, '조류의 이론' 상승기류를 타는 새들을 줄지어 늘어놓은 기록 다음에 위치, 폴리오 50r, '이론학' 날개 치는 비행 중 선회하는 것에 관한 또 다른 기록 옆에 위치, 폴리오 50r, '과학', '규칙' 등은 이제 다른 기록 및 그림들 폴리오 49v과 함께 반복되는 용어들이다. 또한 그는 이 필사본의 비행에 관

6 「코덱스 레스터」의 폴리오 13B에 있는, 다양한 형태의 수력 흐름에 대한 연구 (13v~24r).

7 수력 흐름에 대한 연구 (1509년경; W12660r, 세부).

8 구름에서의 바람의 작용에 대한 기상학적 연구 (Ms. G 91v).

6

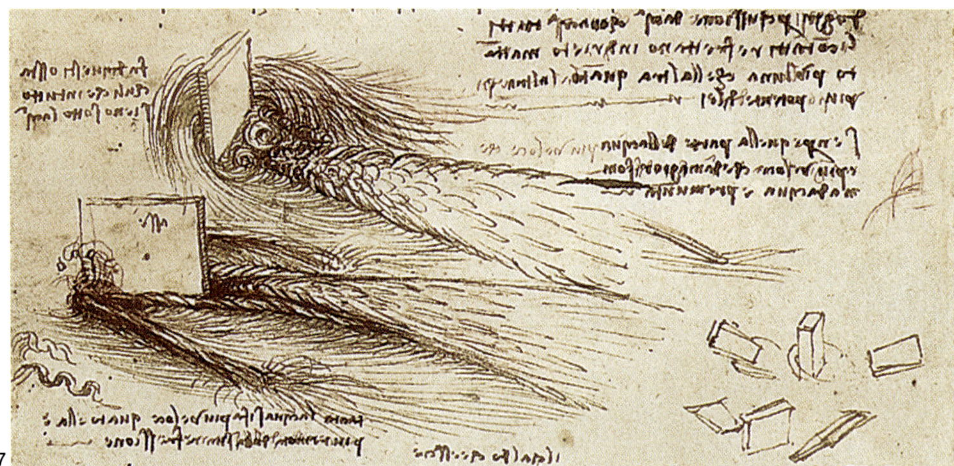

7

한 부분을 시작하는 첫 기록에서 유사한 연구 프로그램을 제안한다.

'공중을 나는 새들의 움직임에 참된 과학을 부여하기 위해서는, 먼저 바람의 과학을 연구하는 것이 필수적이다. 우리는 물속에서 동일한 움직임을 사용하여 이 과학을 증명하며, 이것은 공기와 바람 속에 있는 새들에 대한 지식으로 우리들을 인도할 것이다.' 폴리오 54r

레오나르도는 매우 명백한 어투로 비행에 대한 연구가 독립적인 과학이라고 말한다. 즉, 다른 모든 과학이나 이론적 지식과 같이 그것은 그 자체로 완전하며, 비행기구로 즉시 실용적인 적용을 할 필요가 없는 학문이라 하였다. 「코덱스 '조류의 비행에 관하여'」를 보면, 자연 비행에 관한 이론적인 내용 뒤로 비행기구에 그 이론을 적용하는 실용적인 내용이 이어 나온다. 그렇지만 「필사본 E」에는 인위적인 비행이나, 그가 정의한 것과 같이 '기계를 사용하는' 비행에 대한 단지 몇 개의 간결한 언급만 있을 뿐이다. 점점 더 이론만이 있는 주제들이 우세해짐을 느낄 수 있다. 비행에 관한 기록들 가운데 그는 직진과 휘어짐, '혼합형', 나선형 등과 같은 움직임의 여러 형태에 대한 일반적인 분석이 담긴 폴리오를 끼워 넣는다 그림 1; 42r.

'바람의 과학'

레오나르도의 후기 예술과 과학에 있어 가장 명확하게 눈에 띄는 점 하나는 인간으로부터 자연 환경으로 그의 관점이 바뀐다는 점이다. 자연 환경의 요소들, 특히 물과 공기는 이제 주인공이 되었다. 자연적인 현상이 발생하는 방식과 자연의 창조물이 자연계 내에서 어떻게 살아가는가 하는 것은 사람을

9 CA 205r : 요소들의 영역과 우주의 그림(상부 우측).

10 새의 날개와 공기압의 관계에 대한 연구(Ms. E 47v).

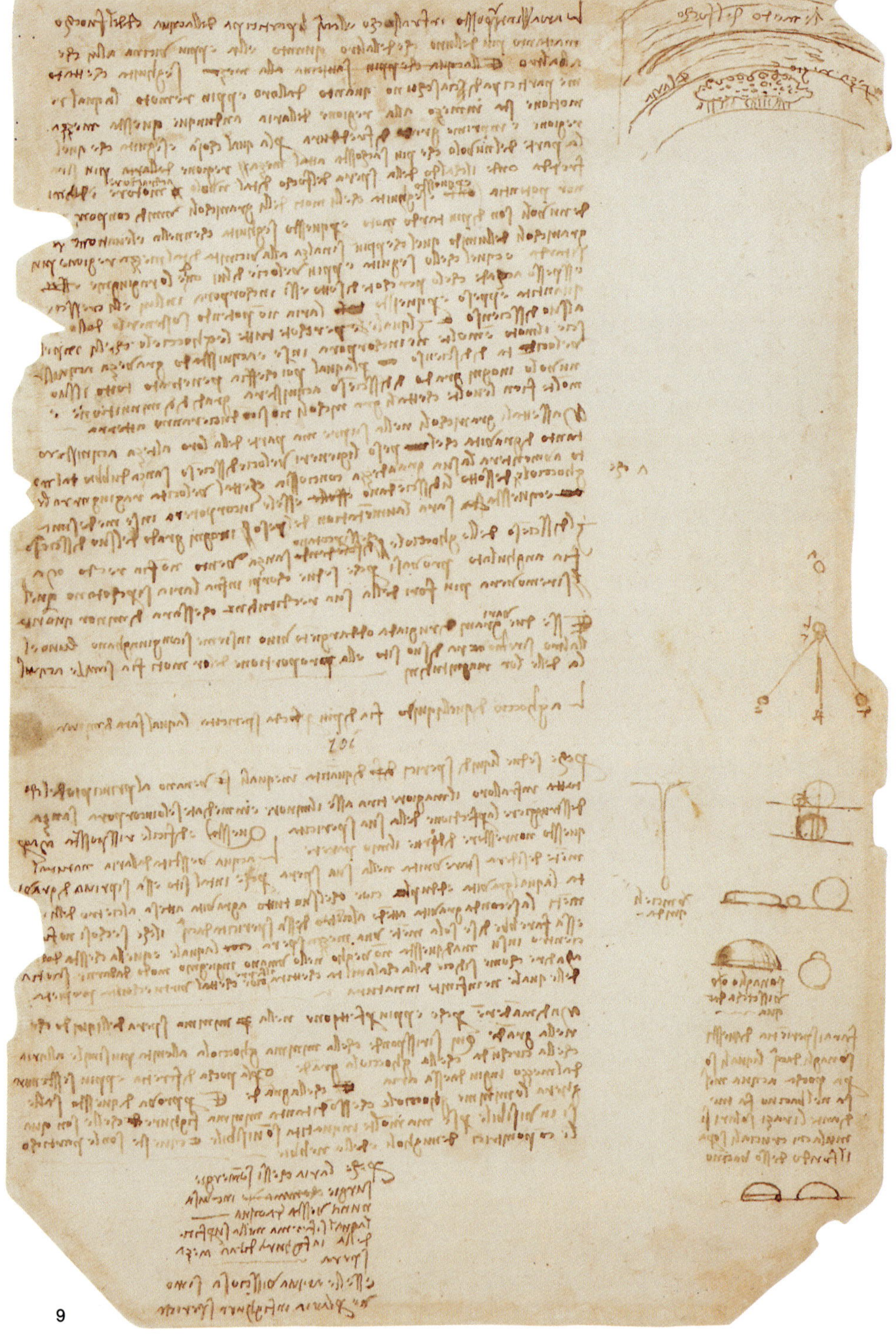

9

포함한 창조물 자체보다 더욱 중요한 것이 된다.

예술적인 측면에서, 레오나르도가 「필사본 E」를 작성했던 시기 전후로 그린 〈노아의 홍수〉그림 2, 4와 이보다 약간 앞선 시기로 추정되는1509~1511년경, 미켈란젤로가 시스틴 성당의 아치형 천장그림 3, 5에 프레스코 기법으로 그린 그림을 비교해 볼 필요가 있다. 〈노아의 홍수〉에는 '모든 것을 둘러싼 광경'이 있으며, 여기서 자연 요소들은 인간 존재를 압도하고 있다. 이와는 대조적으로 시스틴 성당의 천장 그림은 몇 가지 불충분한 풍경으로 된 자연 속에 압도적인 인물들을 두어 사람에 초점을 맞추고 있다.

과학적인 측면에서, 레오나르도의 새로운 관점은 오로지 물과 땅의 연구를 목적으로 하는 작품 「코덱스 레스터the codex Leicester」에 이미 나타나 있다그림 6; 1506~1510년경. 이 코덱스는 눈에 이미지를 전달하는 데 있어서 공기와 공기밀도에 의한 빛 간섭의 새로운 개념을 포함하고 있다. 콰트로첸토 원근법의 날카롭고 수학적인 원근법을 전복시키고, 레오나르도는 그림에서 경계선이 불명확하고 윤곽이 '초점을 벗어난' 듯한 기법을 사용하는데, 이것이 그 유명한 스푸마토sfumato[17]로, 이 개념에서 비롯된다. 그의 비행에 관한 연구들은 이것을 더욱 일반화한 또 다른 상상력을 보여주는 확실한 예이다.

레오나르도는 「필사본 E」에서 '바람의 과학'에 관한 연구에 집중한다. 작업에서 레오나르도는 이 연구와 연결된 문제를 내비치는

17) sfumato : 색깔 사이의 경계선을 명확히 구분지을 수 없도록 부드럽게 옮아가게 하는 기법. 레오나르도 다 빈치의 그림에서 비롯된 것으로 알려진다.

데, 동시에 해결책을 제시하기도 한다. 공기나 바람은 눈에 보이지 않으므로 그것들을 물과 관련지어 연구하는 것은 분명히 문제가 될 수 있다. 과거에 레오나르도는 바람을 측정하고 '가시화하기' 위해 풍속계CA 675 & 아룬델 241r를 연구하고 공기의 '밀도'를 측정하기 위해 습도계를 고안했었다. 그는 지금, 그 자신이 물의 흐름에서 실행했던 것과 유사한 체계적인 분석을 유체역학 air current dynamics에서 생각한다. 물의 흐름 연구에 있어서 그는 다양한 상태와 층으로 그것의 많은 형태를 시연했었다. 그림 6과 7에서 볼 수 있는, 낭떠러지에서 폭포가 되어 떨어지는 물과 물체를 깨뜨리는 물이 그 예이다.

'바람의 과학'에 대해 대등한 연구를 하기 위해 레오나르도가 생각하는 해결책은 바람에 대한 추론처럼 물 자체에서 물의 운동을 사용하는 것이다. 이제 그의 연구에서 추론의 사용은 물속에서 물고기가 헤엄치는 방법으로 새들이 하늘을 나는 그런 동물세계와 관련하여 주로 발견된다. 그는 동물들이 활동하는 영역 쪽으로 관심을 돌린다.

추론으로 표현된 다음의 생각들은 앞서 인용된 「필사본 E」의 폴리오 54r그림 12에 나타난다. 산의 정상을 지난 바람은, 좁은 통로를 빠르게 돌진해 내려온 뒤의 물과 비슷하게 펼쳐지며 자유롭게 확장되는데, 넓고 잔잔한 분지로 퍼져 나온 바람은 속도가 느려지고 밀도가 낮아진다.

'산의 정상을 통과할 때 바람은 빠르고 밀도가 높으며, 그 장소를 벗어난 뒤에는 좁은 수로에서 넓은 바다로 흘러가는 물과 비슷하게 느려지고 밀도가 낮아진다.'

또한 레오나르도는 지리학적이고, 기상학적인 요소들을 포함하여 자신의 연구영역을

10

11 해안절벽 근처에서의 새들의 움직임을 관찰하면서 수행한 바람에 대한 연구(Ms. E 42v, 세부).

12 새들의 비행경로를 관찰하면서 수행한 바람의 흐름에 대한 연구(Ms. E 54r).

11

넓혀 나간다. 레오나르도는 자신의 다른 연구에서 바람이 형성되는 방법에 대해 언급하는데, 온도가 변할 때 공기가 응축되어 물이 되는 또는 그 반대, 그래서 주변 공간으로 공기의 침전을 일으키는 방법을 검토한다. 그리고 구름에서의 바람의 작용 그림 8; G91v과 보다 넓고 우주 구조론적인 양상에서 연구를 진행하고 또한 공기가 불의 영역에 접근할 때 어떻게 더욱 희박해지는가를 분석한다.

레오나르도는 부분적으로 아리스토텔레스 학파의 우주관을 신봉한다. 지상의 원소들은 세력 범위를 형성하였다. 최소한 실질적인 인식에서, 그들의 운동이 4원소의 지속적인 결합을 일으켰기 때문이다. 불의 영역은 최상의 위치에 있었고, 여기에 공기의 영역이 접해 있으며, 그 다음은 물, 그리고 가장 낮고 가장 중심점에 흙이 있었다.

「코덱스 아틀란티쿠스」에 있는 한 그림 205r은 이 우주론적인 상대적 배치를 나타내고 있다 그림 9.

그럼에도 불구하고, 레오나르도가 초기 연구 M 43r과 43v에서 단언한, 고도가 높아질수록 공기는 희박해진다는 가설이 비행하는 새를 관찰한 「필사본 E」에서 증명된다는 것이 특이하다.

'작은 새들은 아주 높은 고도에서 날지 못하고, 큰 새들은 낮은 곳에서 날기를 좋아하지 않기 때문이다. 이유는, 깃털이 많지 않은 작은 새들은 대기 중 상층의 몹시 찬 기운을 견딜 수 없는 반면, 독수리 종류들과 다른 새들은 많은 층의 깃털로 덮여 있어 그곳에서의 비행이 가능하기 때문이다. 또한 작은 새들은 밀도가 높은 대기 저층부에서 비행을 하는 데 적합한 빈약한 단층의 날개를 갖고 있어서, 공기가 희박한 곳에서는 떠 있거나

오랫동안 버티지 못한다.' 43r

단지 거대한 맹금류와 작지 않은 새들만이 높은 곳에서 비행한다. 상대적으로 작은 새들은 상대적으로 줄어든 날개폭 때문에, 상층부의 공기가 너무 희박해서 비행을 계속할 수 없다.

물속에서와 같이, 새들은 보이지 않는 공기의 흐름을 깨닫는 데 있어 이미 또 다른 방편인 듯하다. 하지만 그것은 단지 방편일 뿐이다. 때때로 레오나르도가 새들의 운동을 연구하고 있을 때, 그의 진실한 목표는 무엇인가 다른 것에 있는 것처럼 보인다. 즉, 공기의 작용을 깨닫기 위해 새들을 이용하는 것처럼 보인다. 레오나르도가 물의 흐름을 연구하기 위해 개울에 장애물을 두었던 것과 같이, 새들 자체가 곧 공기의 흐름 속에서 변화에 반응하는 자연적인 장애물인 것이다.

그의 '바람의 과학'에서 기본적인 원리 중 하나는 공기를 압축할 수 있는 능력이다. 물과는 달리 날갯짓에서처럼 공기를 충분하게 '쥐어짜면', 공기는 압축될 수 있다.

'공기는 무한정으로 압축되고 엷어질 수 있다.' E47v

동일한 이 폴리오 그림 10에는 이 가정을 확인하려는 듯이 보이는 새의 날개 그림이 있다. 그 날개의 곡선은 바로 아래에 있는 공기의 곡선과, 특히 말단의 깃털에서 직접 연결되어 있다.

그 분석은 「코덱스 '조류의 비행에 관하여'」에 있는 다른 어떤 그림에서도 찾아볼 수 없는 명쾌함으로 구성되어 있고, 날개가 구부러지게 내리누르는 구심력을 응용한 힘을 선들로 나타내고 있다.

또 다른 연구 그림 11; E42v에서는 레오나르도가 몇 마리의 새들이 날개를 펼친 채 바닥

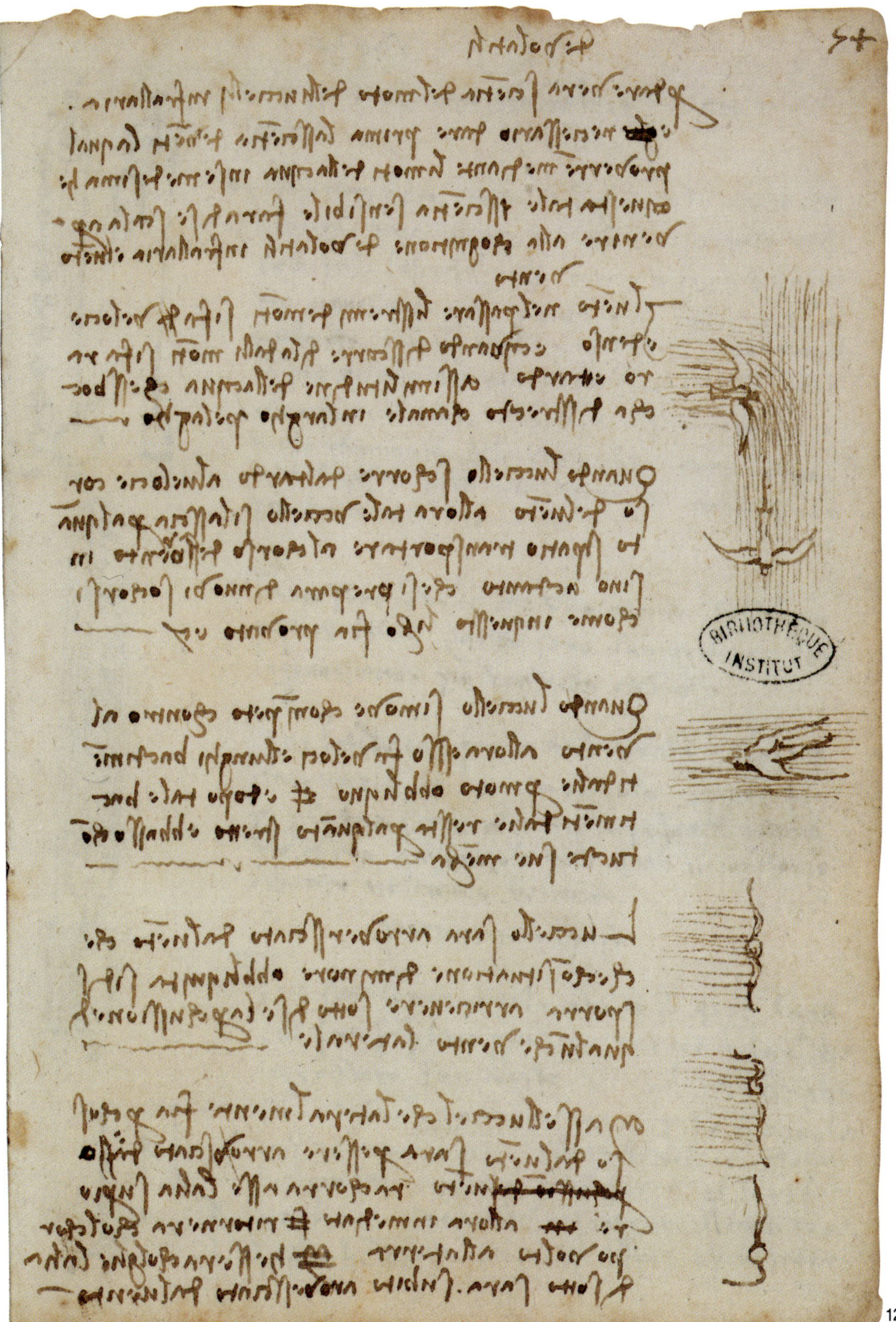

12

13-14 바람의 방향으로 인한 비행 경로의 변화에 대한 연구(Ms. E40r & 40v).

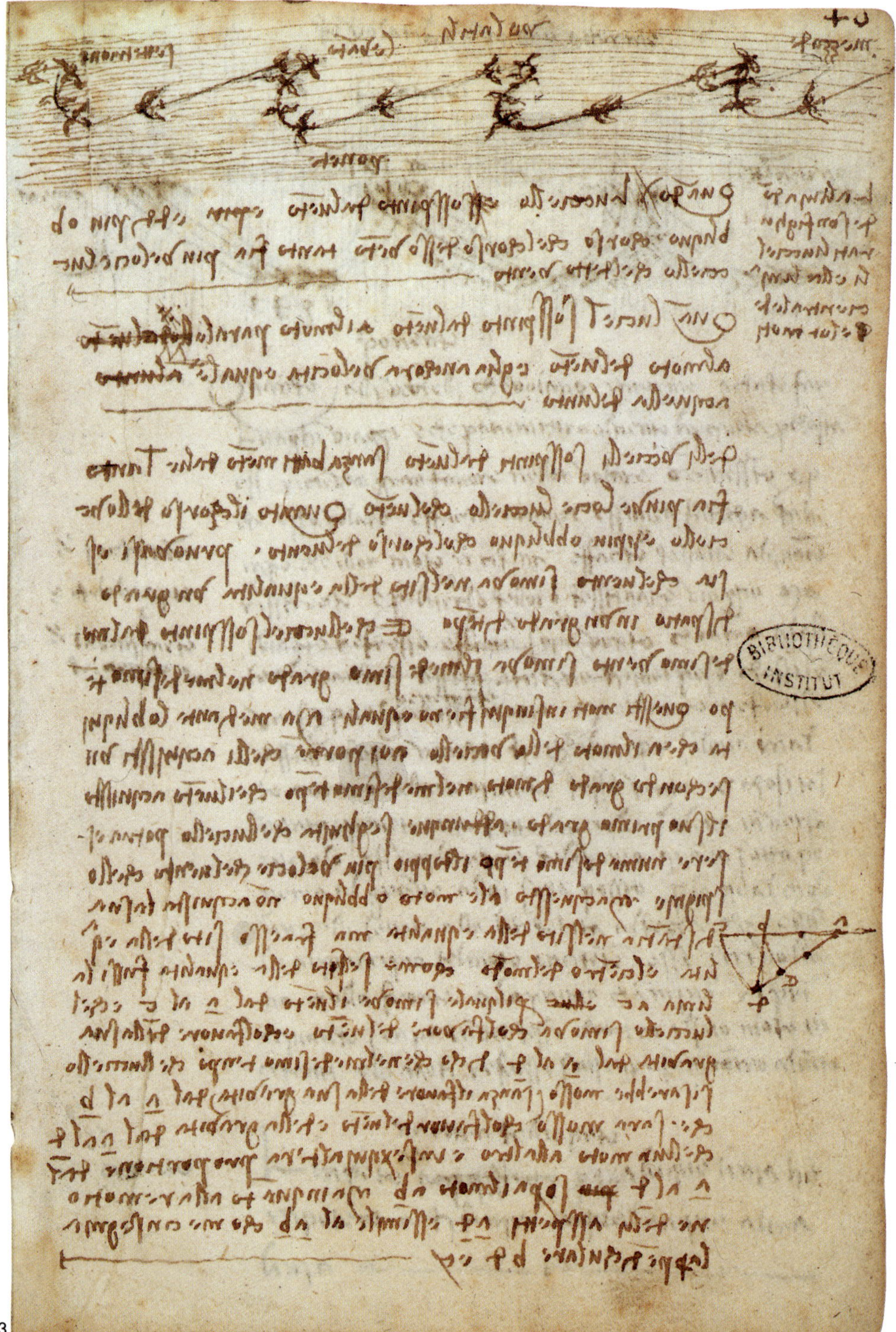

13

가 절벽 근처의 공중에서 멈춘 채로 있는 것을 발견하는 장면이 있다. 바로 이 점에서 바람이 절벽을 때리고 반사되어, 새를 지탱하는 상승의 흐름을 형성하는 것을 추론해 낸다. 추론에 따른 항공역학 연구의 또 다른 예에서, 새는 마치 수면 아래에 있는 것처럼 공기 흐름에 떠 있는 듯 보인다. 끝으로, 새들이 비행경로에서 신속하게 이탈하는 것은 다른 방향에서 불어 오는 두 가지 바람의 흐름이 있음을 알려준다 그림 12; E54r.

'새' : 비행, 해부학, 동물행동학

레오나르도는 '바람의 과학'의 관점에서뿐만 아니라, 깊이가 있으면서도 독립적인 연구의 주제로서 새들을 연구한다. 'De' volatili' 새는 라틴어로 번역된 제목으로, 이 주제로 쓰인 「필사본 E」에 있는 많은 구절들을 소개하고 있다.

세 가지 중요한 논제가 이 연구에 포함되어 있는데, 비행 중의 동작, 해부학, 동물행동학이 그것이다. 첫 번째 논제는, 비행 중에 평형상태를 유지하는 비행기동, 날개 치기, 새의 속도와 고도가 바람의 작용에 따라 변하는 방법 등, 이미 논의되어 온 것을 확장한 것이다 그림 13, 14; E 40r, 40v. 두 번째 논제는 해부학이다. 레오나르도의 가장 아름답고 완벽한 해부학의 연구들은 대략 1513년으로 거슬러 올라간다 그림 15, 17; W12656, 19107.

첫 번째 논제로 새들의 비행을 다루고 있을 때, 레오나르도는 여기서 새들의 움직임 뒤에 있는 해부학적인 요인들을 밝혀내려 한다. 이전의 해부학은 기계 날개를 위한 프로젝트의 일부분으로서 날개를 연구한 것이었으나, 나중의 해부학 연구는 순수하게 과학적인 것으로 보인다. 즉, 살아 있는 새들의

15-16 면밀한 연구를 거친 새의 날개 해부(1513년 경; W12656r; 그림 15)는 인간 팔의 해부학적 연구와 유사하다(1509~1510년 경; W19000v; 그림 16).

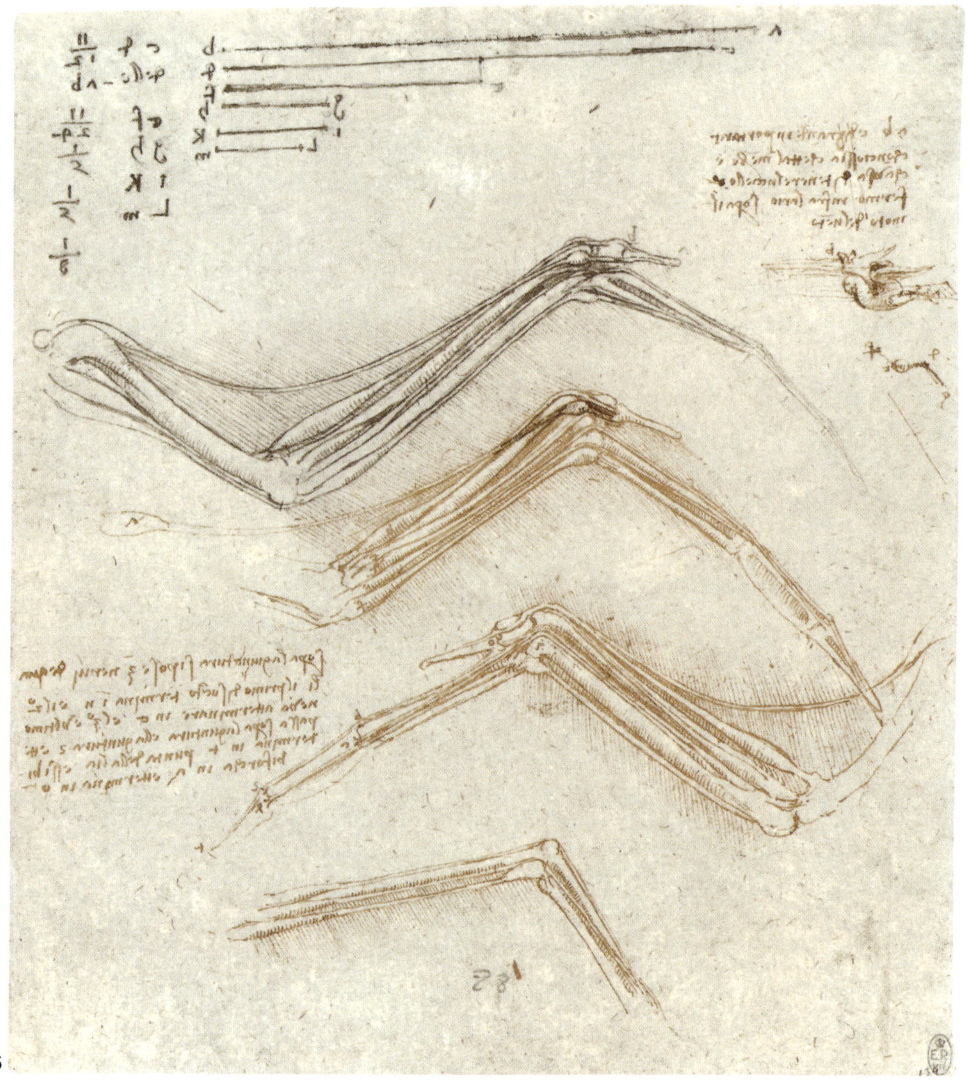
15

비행하는 동안의 기능을 해부학적으로 검증하는 것이다. 「윈저 Windsor」 폴리오 12656 그림 15에는 면밀한 해부학적인 연구들이 포함되어 있는데, 거기에 있는 여러 그림들은 초기 몇 년간 시작된 인간 팔에 대한 해부학적 연구를 목적으로 하는 것들과 마찬가지로, 똑같은 정확성과 완성 수준을 보여준다그림 16; 1510년경.

더 나아가 윈저 그림들은 사람과 새를 상세하게 비교한다. 지금 레오나르도의 연구들을 크게 지배하고 있는 그 논제들은 동물의 해부학적 연구에 관한 더욱 방대한 연구 프로젝트의 일부분이며, 레오나르도의 생각을 점진적으로 채우는 논제인 다른 동물들과 관계 있는 인간이 여기에 해당된다. 엄밀히 해부학적 관점에서 보면, 새의 작은 날개alula 혹은 보조 날개는 이전의 연구에 포함되어 있지 않던 요소이다.

세 번째 날개 관절 위쪽에 있는 자그맣고 날개를 닮은 구조는 마치 집게발 형상처럼 묘사되어 있는데, 기록에 따르면 이것은 엄지손가락과 자주 비교된다.

말하였듯이 현재 레오나르도가 해부학적인 분석을 하는 것은 순전히 기능적인 이유에서며, 그 그림은 작은 날개가 공중에서 새의 정지비행을 어떻게 유지하게 하는가를 보여준다.

레오나르도의 비행에 관한 연구에서 새의 작은 날개는 공기를 헤치고 나아가는 데 이용되는 방향타로서 검증된다. 그 이유는 날개의 모서리가 바람에 놓이거나 혹은 날개가 바람 쪽으로 펼쳐질 때 그 아래에 있는 공기를 강제로 압축하는 데 사용되는데, 그로 인해 새를 제자리에 있도록 하기 때문이다.

또한 작은 날개는 또 다른 해부학 연구에

서도 나타난다 그림 17. 그러나 이 연구는 다른 역할, 즉 날개 끝을 사용하여 비행을 유지하는 기능에 집중하는 것처럼 보인다. 날개 끝은 공기를 압축할 수 있는 연속적인 표면을 형성한다. 실제로 이 그림에 따르는 기록은 깃털을 접었다 펴는 굴신운동 기능에 대해 말하고 있다.

레오나르도의 조류 연구에 있어서 최후의 미개척 영역은 자연에서의 동물행동학이며 다양한 곤충들과 박쥐들의 비행에 관한 연구가 「필사본 G」의 몇 개의 폴리오에 나타나 있다. 젊은 시절 이래 이제까지 레오나르도는 비행기구와 관련해 이 동물들을 연구해 왔다.

현재 그는 동물 자체에 대해 연구하며, 일정한 비행기법의 배후에 있는 자연의 원인을 조사하여 인위적인 비행과는 전혀 관계없는 동물행동학의 기록을 남긴다.

또한 그는 박쥐 날개의 이음새 없는 덮개 혹은 박막 얇은 막이 오로지 그러한 동물들의 대담한 비행기동을 가능하게 하는 시스템이라고 단언한다 그림 18; G63v.

레오나르도는 유사한 시스템을 사용하여, 일반적으로 개미귀신 명주잠자리 으로 더욱 잘 알려진 '날개 달린 개미를 먹는 포식자, 나방 등의 네 번째 종의 비행' 그림 19; G64v을 연구한다. 딱정벌레들도 이 연구들 중 몇몇 부분에 포함되어 있는데, 레오나르도는 딱정벌레 날개의 단 한 쌍만이 비행에 사용되고, 다른 한 쌍은 아마도 첫 번째 날개를 보호하거나 덮는 데 사용되는 듯함을 관찰한다 그림 20; G92r.

그는 또한 '속도와 소리', 즉 '윙윙거리는 소리'를 내는 날갯짓을 하고 뒷다리를 방향타로 사용하면서 공중에 멈춰 있는 파리도

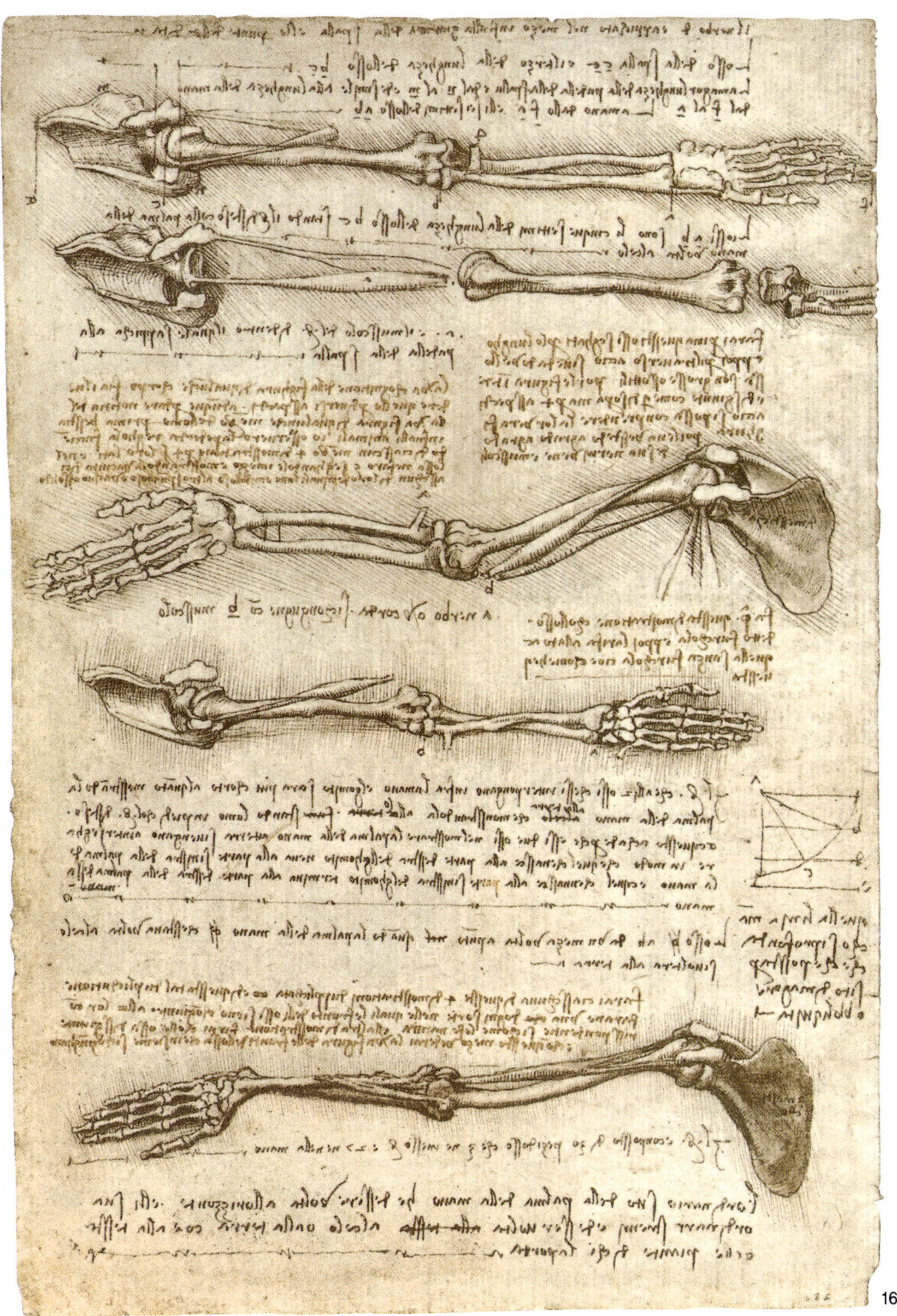

16

17 날개 해부도
(1513년경; W19017).

18 새와 박쥐에 대한 연구
(Ms. G63v).

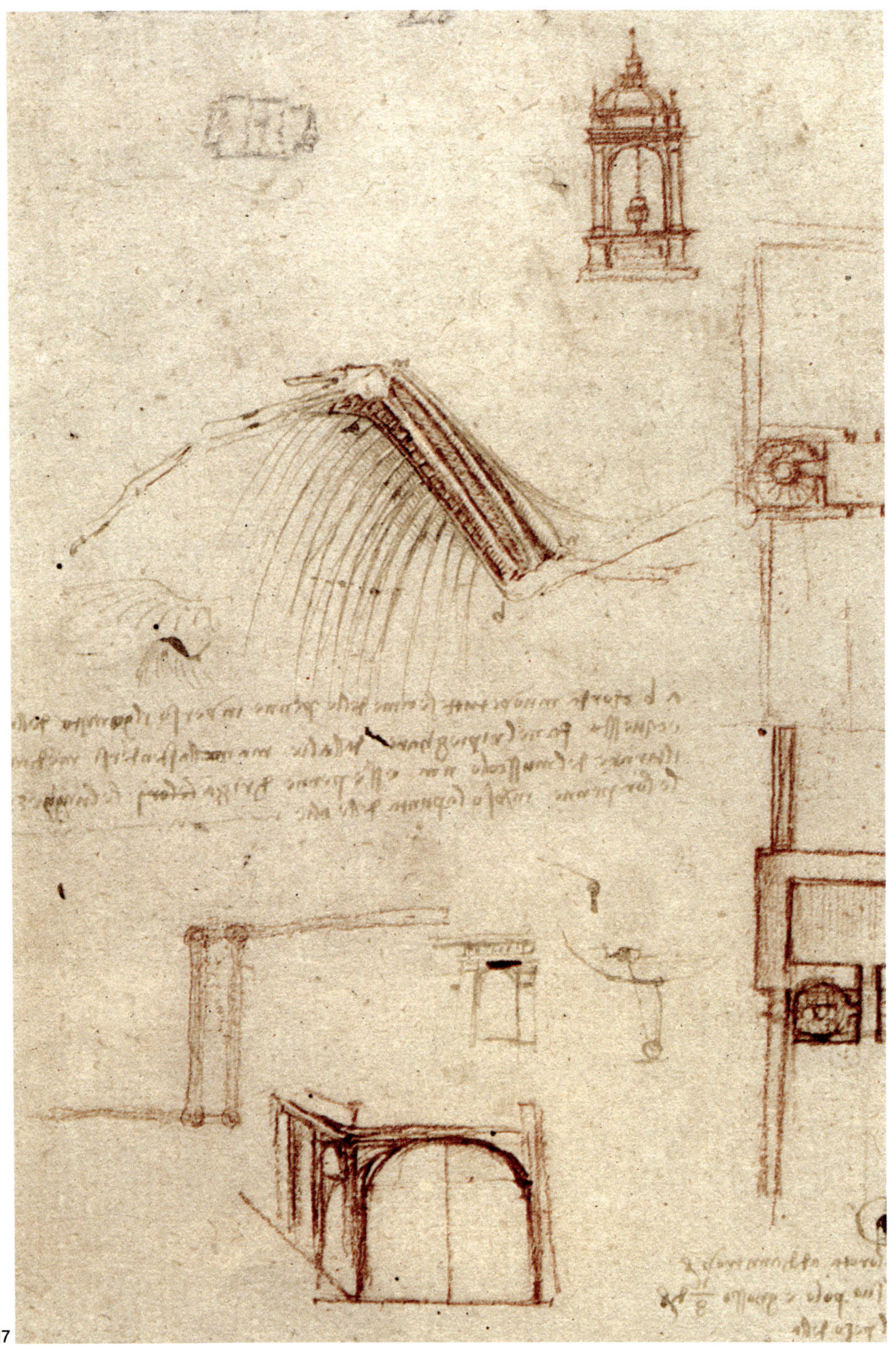
17

연구한다 G92r.

인간의 비행

비행기구와 날개 치기 비행의 마지막 이야기

「필사본 E」 중 비행하는 새들의 움직임을 이론적으로 연구한 내용의 중반에서, 적어도 한 시점에서 레오나르도의 마음에는 순수 학문의 수준을 벗어나 새들의 자연 비행을 기계적인 모방하려는 모험이 인 듯 보인다.

새들의 행동을 설명하는 폴리오 44v의 몇몇 기록에서 논제는 앎의 영역에서 모방을 통한 실행의 영역으로 방향을 바꾼 것으로 보인다.

그는 이전에 「코덱스 '조류의 비행에 관하여'」에서 했던 것과 같이, 2인칭으로 자신에게 말을 걸거나 비행기구의 조종사에게 지시를 내리듯이 이러한 실용적인 적용에서의 원천적인 위험에 대해 이야기한다.

'그래서 이 방법을 통해, 당신은 평형상태로 돌아올 때까지 접힌 날개를 지상을 향해 무의식적으로 펼치고, 동시에 더욱 낮게 펼쳐진 날개를 되돌릴 것이다.'

하지만 이것은 무의미한 생각이다. 폴리오나 「필사본 E」에는 기계 날개와 그것의 유기적으로 연결된 비행기동에 대해 언급하고 있는 그림이 없다. 1513~1514년경으로 추정되는 「윈저」 폴리오 중 하나에는 힘줄에 의해 움직이는, 네 개의 뼛조각으로 이루어진 날개를 해부한 작은 그림이 스케치되어 있고, 그 중 하나는 섬유질 고리를 지나간다 그림 21, 22; 19086r.

앞의 사례에서와 같이, 여기에 있는 그림들은 날개가 자연적인 것인지 인공적인 것인지 확실하지 않다. 그렇지만 확실한 것은 레오나르도가 자신의 말년에 기계적인 비행에 대해 계속해서 생각하고 있었다는 것이다. 「코덱스 아틀란티쿠스」의 폴리오 124r에 있는 자연 비행의 이론적인 분석과 관련된 기록은 인위적인 비행에 있어서의 날개 치는 것에 대해 특별히 다음과 같이 언급하고 있다.

'이 날개들을 움직이는 가슴 근육과 더불어 새의 날개를 해부한 것을 보게 될 것이며, 또한 사람이 홰치는 날개를 가지고 공중에서 스스로 떠 있을 수 있는 방법을 보여 주면 똑같이 따라할 것이다.'

앞의 폴리오1513~1515년, 로마 체류 기간와 같은 시기로 추정되는, 같은 코덱스의 또 다른 폴리오그림 23; 1047r에서 레오나르도는 비행기구를 그리고, 또 조종사를 그리기도 한다.

아마도 그것은 날개가 조종사의 팔에 직접 붙여지는 오니숍터에 대한 프로젝트인 것 같다. 이 해석이 맞다면, 그때에는 인간의 팔을 움직이는 근육이 새의 날개를 움직이는 근육과 비교되어 있는 「해부학 논문 AAnatomia A」그림 24; 1510년경; W19011v의 연구를 보는 것 역시 이해가 될 것이다.

'손 또는 손가락의 움직임이 없다는 것은 팔꿈치 위의 근육을 사용할 수 없다는 것이다. 따라서 새들에 대해서도, 날개 치는 데 이용되는 근육에 사용되는 모든 힘은 가슴에서 시작되며, 가슴 부분은 새의 나머지 모든 부분보다 더 많은 무게가 나간다.'

새의 가슴 근육은 레오나르도가 비행기구로 모방하려고 시도하는 동작인 날개 치기에 이용된다. 그의 그림들 중 하나는 「코덱스 아틀란티쿠스」 폴리오 1047r에 있는 '오너숍터'의 조종사와 매우 흡사한 방법으로 긴 막대를 잡고 있는 팔을 보여 준다.

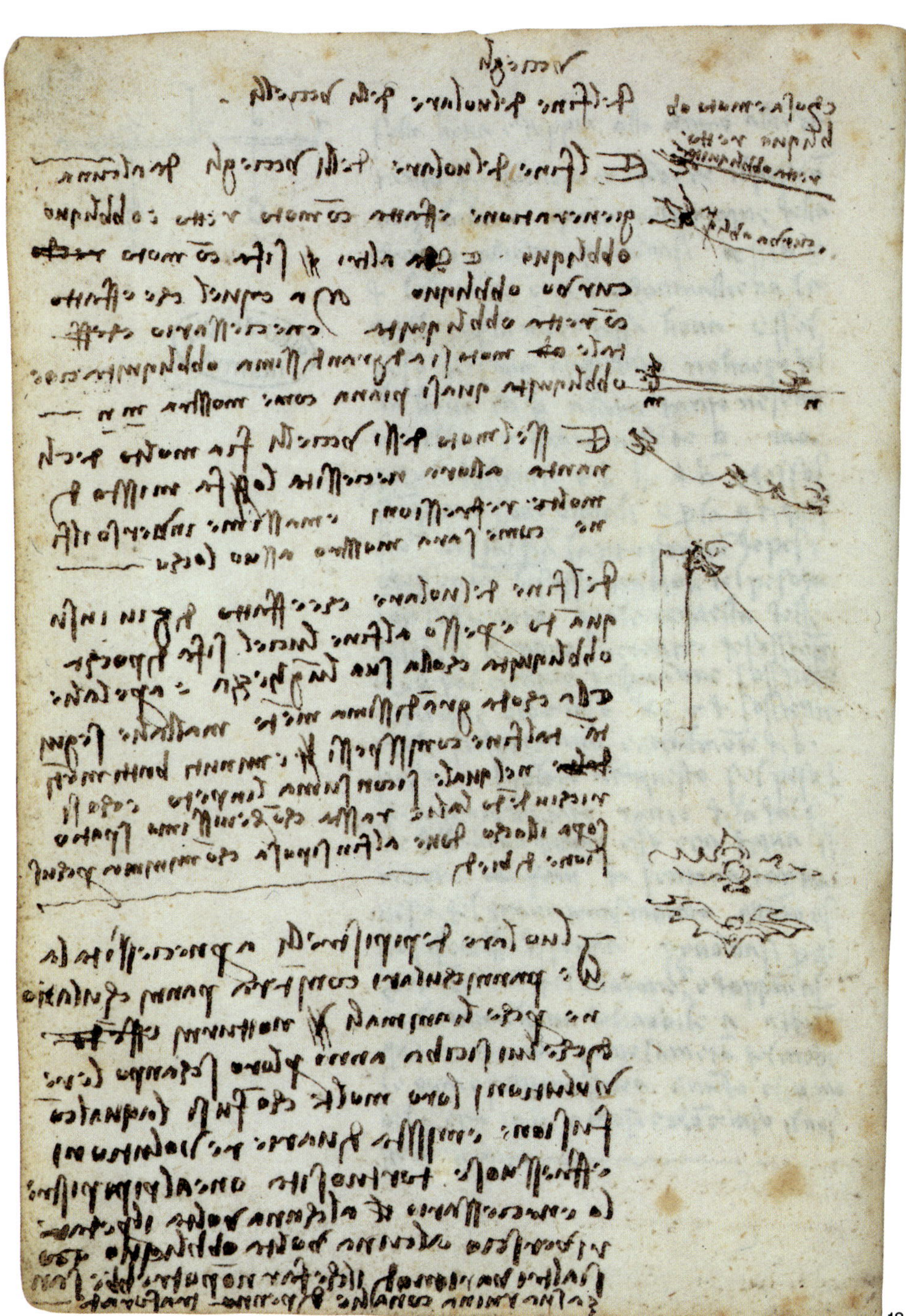

18

19-20 날아다니는 곤충에 대한 연구(Ms. G64v & 92r).

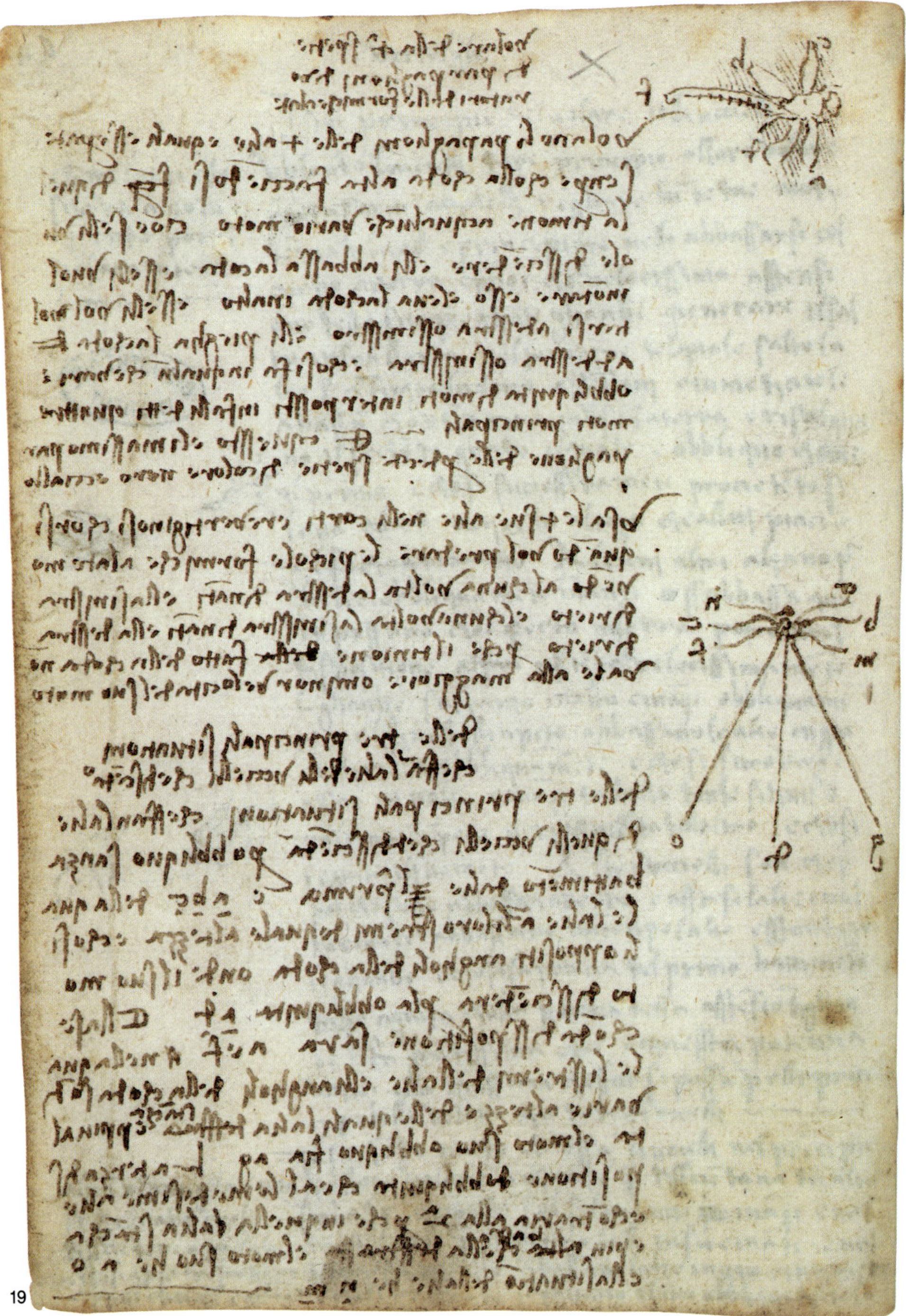

19

공중에서 떨어지는 물체와 같은 인간의 비행

「코덱스 아틀란티쿠스」의 동일한 폴리오에는 공중에서 떨어지는 몸에 관한 기록이 하나 있다.

'내일, 우리 부두에서 떨어져서 공중에서 하강할 다양한 형태의 인물들을 판지로 만들어라. 그리고 다음에는 그것들이 하강의 각 단계에서 만들어 내는 모양과 움직임들을 그려라.'

평형상태의 비행기동과 날개 치는 비행에 관한 연구에 추가하여, 이 시기의 인위적인 비행에 관한 레오나르도의 연구는 또한 기체정역학의 연구를 포함하고 있다. 두 가지 기록은 다른 원근법으로 인간의 비행을 분석한다.

여기에서 레오나르도의 생각은 해부학과 새의 활동에서 비롯된 것이 아니라 물리학적인 원소로서의 공기와 공기 중 몸의 일반적인 정적–동적인 행동에서 비롯된 것이다. '공중에서 추락하는 것에 관하여 On things falling in air; G74r', '공중에서 스스로 하강하는 무감각한 신체에 대한 다양한 해설 Various figures of insensitive bodies descending by themselves in the air; W12657' 등, 이들 제목 혹은 '소개' 또한 인간의 비행에 적용된다.

새들과 마찬가지로 인간은, 항공역학에 대한 무감각하거나 생명이 없는 중량 혹은 몸의 지극히 보편적인 연구에서 하나의 요소일 뿐이다. 이 몸은 영혼이 없고 그에 따라 자발적 행동을 할 수 없어서 '스스로 하강하는', 의지도 본능도 없는 것일 뿐이다.

인간의 비행에 관한 이 두 가지 기록에서 하나는 새들의 관찰을 토대로 하였지만, 사람에게 적용되는 기체정역학의 가장 보편적인 원리에 관한 것도 기반으로 하고 있다.

92

21–22 자연 날개나 혹은 기계 날개의 체절에 대한 연구 (1513~1514년경; W 19086r 전체 그림 및 세부).

23 기계 날개에 있는 조종사에 대한 연구(1513~1515년경; CA 1047r, 세부).

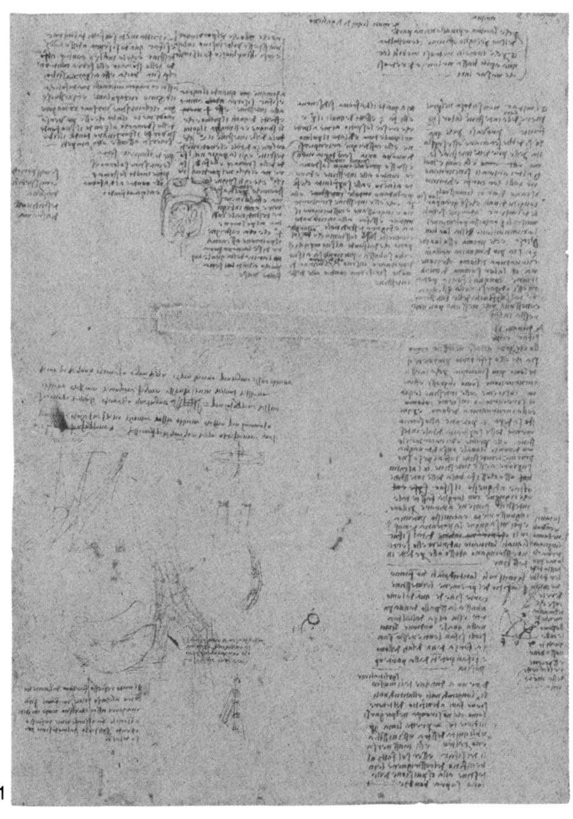

21

22

'새는 한층 더 자신의 날개와 꽁지를 열어 펼칠수록 높이 올라가며, 날개를 더 크게 펼칠수록 몸은 가벼워진다. 이것은 날개폭을 매우 넓게 하는 방법으로 사람이 공중에서 자신의 몸무게를 지탱할 수 있다는 결론을 이끌어낸다.' E 39r

새는 자신의 날개와 꽁지를 열어 펼침으로써 더욱 가벼워진다. 다시 말해, 날개를 닫아 넣으면 더 무거워진다. 실제로 새는 하강 중에 가속하고 싶을 때 꽁지와 날개를 접는다. 이 법칙은 모든 몸체에 공통적이며, 따라서 사람에게도 적용될 수 있다. 사람이 충분히 큰 버팀 장치에 매달린다면, 공중에 떠 있을 수 있다는 것이다.

레오나르도는 여전히 '날개'라는 용어를 사용하지만 그것은 비행기구인 '새'와 관련된 것이 아니다.

실제로 그것은 인간의 비행에 관한 그의 다른 기록에 나타나 있는데, 그 기록은 레오나르도가 널빤지에 매달린 사람을 연구하고 삽화를 넣어 설명한 「필사본 G」 그림 25; 1510~1515년경에 있다. 거기에서 레오나르도가 동물세계에 대해 언급을 하지 않는다는 것은 유념할 필요가 있다.

레오나르도는 널빤지와 같은 '무감각한' 사물에 대한 기체정역학적이고 항공공학적인 연구를 진행하면서 자신의 견해를 전개한다. 그의 추론은 정역학과 물리학에 근거하고 있다. 널빤지 혹은 구부러진 종이 한 장이 공중에서 떨어질 때, 그 사물의 아랫면은 아래쪽을 향해 압력을 가한다. 그 공기는 압축된다.

한편 위쪽과 윗면의 공기가 더욱 가벼워질수록, 그 사물의 아랫면은 공기로부터 더 큰 반발력을 얻게 되며, 이런 식으로 윗면은

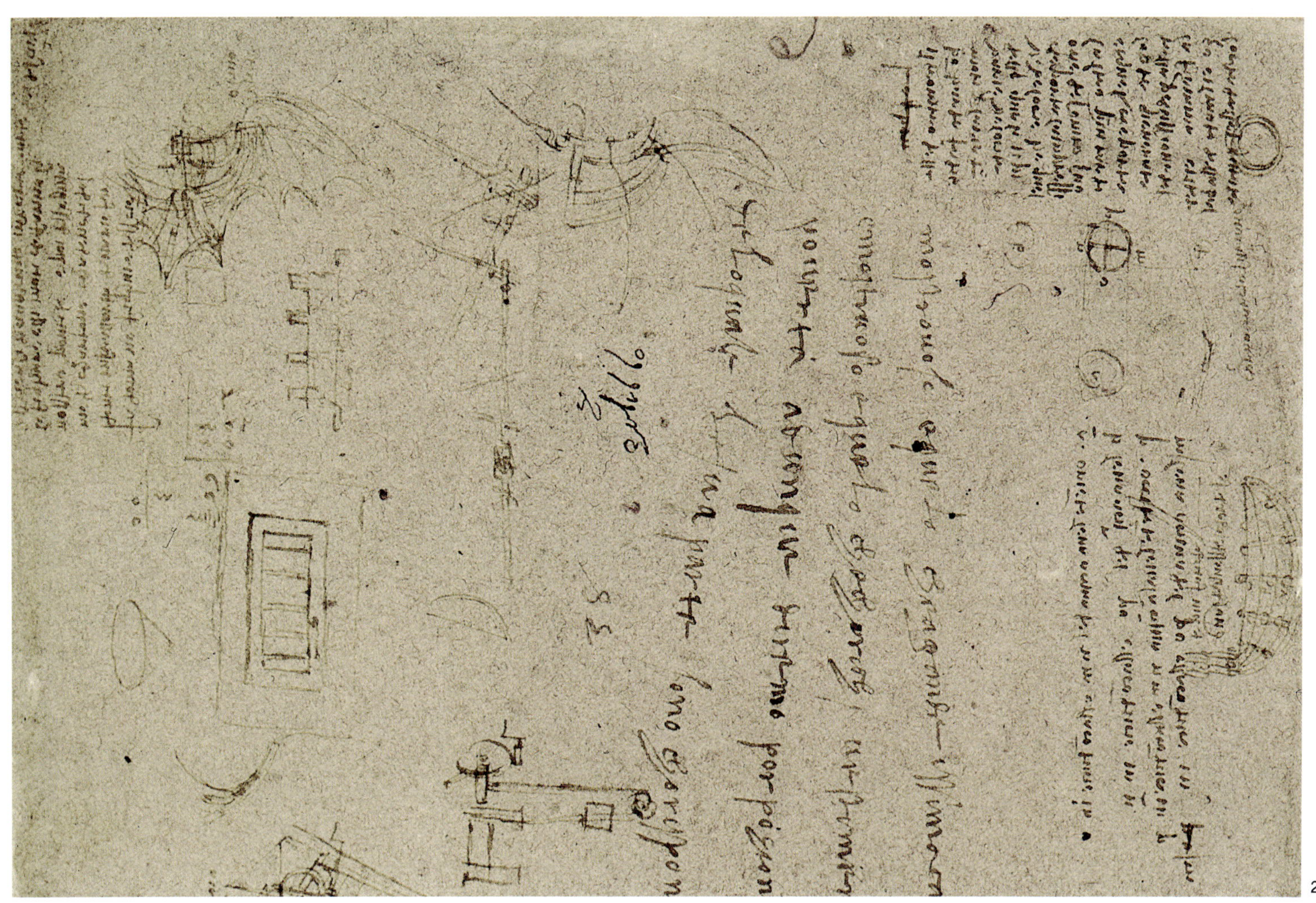

24-25 인간 해부와, 인간과 새의 역동적 잠재능력을 비교한 기록(팔 중의 하나는 기계 날개를 잡았을 경우를 암시한다(1509~1510년경; W 19011v; 그림 24). 이 기록은 이 기간에 돌발적이라도, 레오나르도가 날개 치기를 이용하는 인간 비행을 지속적으로 계획했다는 것을 증명한다. 그는 기체정역학 또한 연구했는데, 사람이 널빤지에 매달려서 공중에서 내려가는 연구로 증명된다(Ms. G 74r; 그림 25).

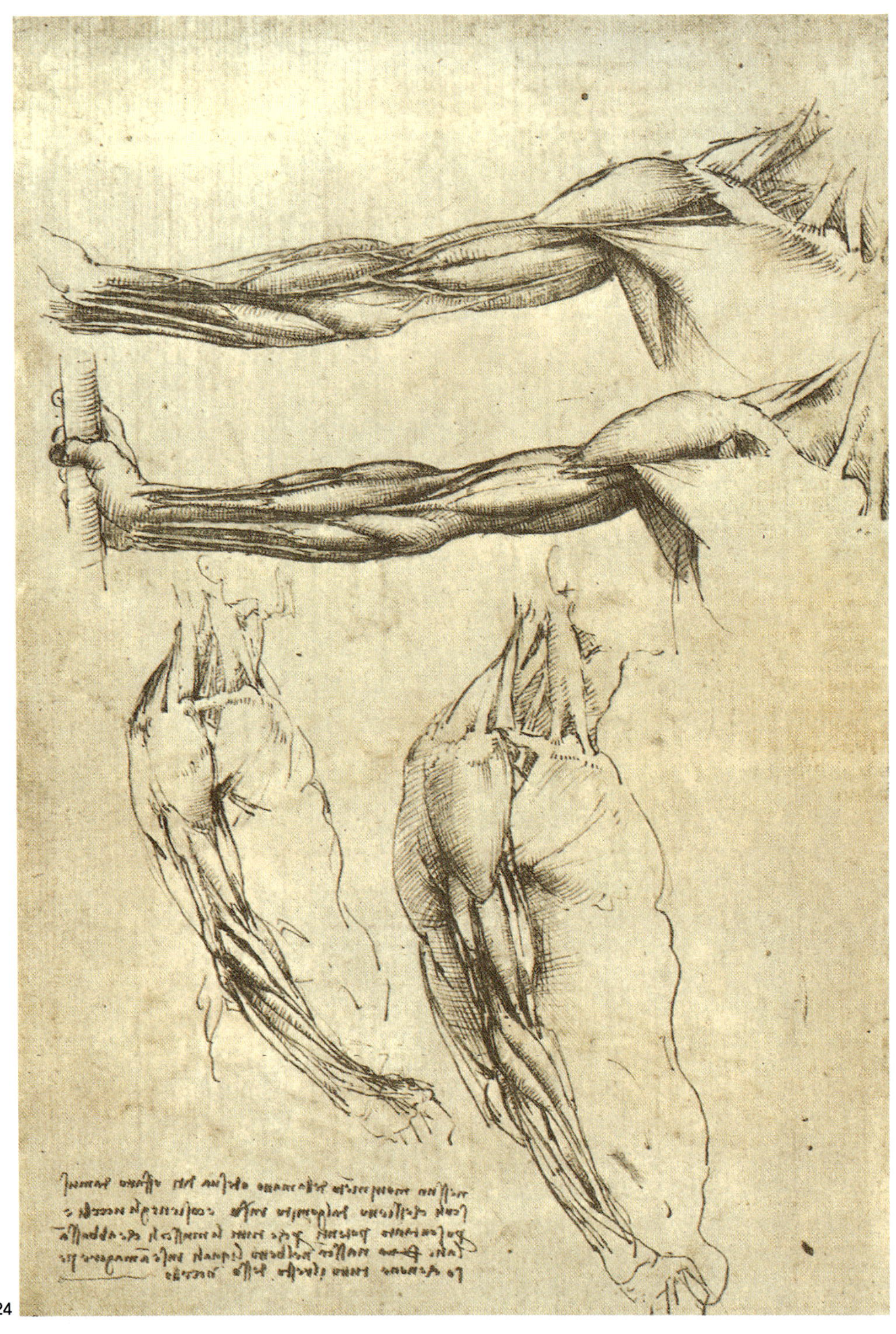

24

더 가벼워진다. 이 면은 아래로 향해 내려가면서, 특유의 지그재그 운동을 만든다. 수직으로 하강하는 것과 비교하여 생각해 보면, 비행경로가 넓을수록, 즉 하강할 때 지면과 이루는 각도가 작을수록 더 부드럽게 착지할 수 있게 된다.

사람이 판자에 매달려서 처음에는 왼쪽, 그 다음은 오른쪽으로 판자를 기울인다면 이 방법으로 공중에서 더욱 천천히 내려올 수 있다.

여기에서 우리는 레오나르도가 첫 번째 밀라노 체류 기간에 했던 프로젝트에 관해 보다 더 간단하지만 동시에 난해하기도 한 적용방법을 얻게 된다. 그 프로젝트는 낙하산, 구체 혹은 연을 이용하여 하강하는 것을 설계한 것이다.

재미있는 결론과 몇 가지 지름길

레오나르도가 로마의 바티칸에서 손님으로 있었을 때 1513~1516년경였다. 조르조 바사리 Giorgio Vasari[18]는 다음과 같이 자세히 이야기한다.

'밀랍의 한 종류로 만든 반죽으로…… (그는) 동물 모양의 가볍게 부푼 형상들을 만들어, 그 안에 바람을 불어넣어 공중에 날렸다.'

바사리는 레오나르도가 '지방을 완전히 제거한 수송아지의 창자를 늘 구하고는 했었으며…… 그것들을 부풀려 공간을 채웠는데 그 크기가 매우 컸다.' 라고 덧붙였다.

새들을 모방하는 기구를 대신하여, 이 기

18) Giorgio Vasari : 1511~1574년, 이탈리아 화가·건축가·저술가, 아레초 출생. 레오나르도에 관한 바사리의 글은 이 책 17쪽에도 나온다.

26 새의 형태를 한 비행 자동기계(automaton)의 그림 (1508년경; CA 231av, 상부).

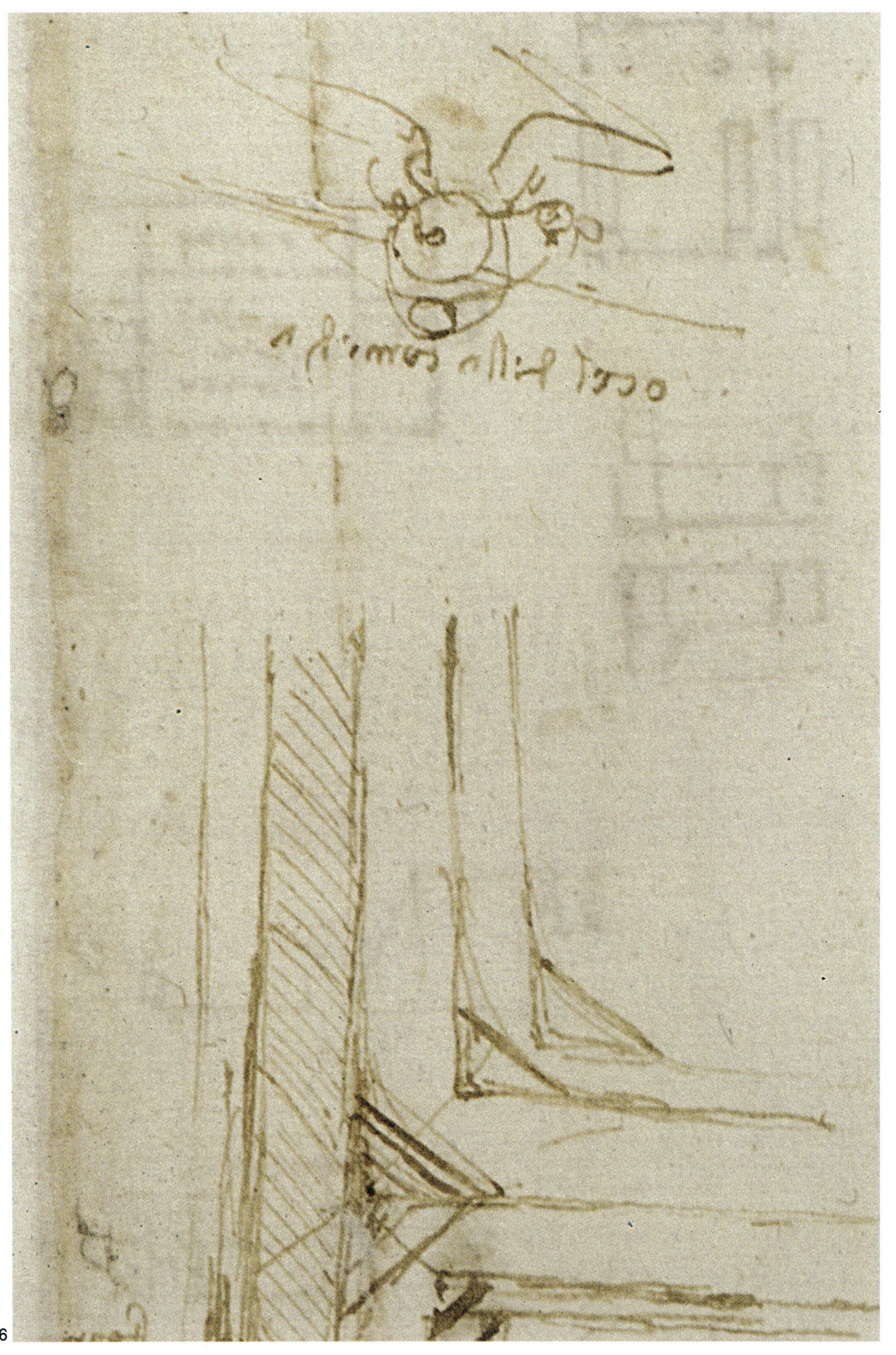
26

간 동안에 레오나르도를 즐겁게 했던 일들은 밀랍으로 만든 상(像)과 공기를 채운 창자를 날리는 것이었다. 조르조 바사리는 '그는 수백 가지의 어리석은 일들을 범했다.' 라고 이야기한다.

이론을 향한 현실 도피와 기계장치 프로젝트에 대한 감소된 관심을 반영하듯, 레오나르도는 자신의 실험에 이러한 재미있는 일면을 더한다.

그렇다 하더라도, 그러한 놀이들은 궁정 사람들을 위해 레오나르도가 만들었던 오락거리보다는 심오하고 사적인 느낌이 든다. 궁정 오락거리와 같은 것에 있어서는, 레오나르도가 자동기계automaton와 같이 기술적으로 좀더 복잡한 비행장치를 사용한다 해도 그 입장이 바뀌지 않는다.

「코덱스 아틀란티쿠스」의 폴리오 그림 26: 629bv에는 1508년을 전후로 설계된 자동기계인 기계 새가 있는데, 이 새는 밧줄을 타고 내려오면서 내부 기계장치의 도움으로 날개를 퍼덕였다.

이런 기계 새를 포함한 이와 유사한 설계들은 진짜 새의 움직임까지도 모방한 비행기구에 있어서 분명한 '지름길' 이었다.

조반 파올로 로마초Giovan Paolo Lomazzo는 이들 비행 자동장치와 새로 고안된 다른 장치에 대해 다음과 같은 글을 썼다.

'레오나르도는 …… 새들이 어떻게 날며 어떻게 사자가 큰 고리를 통과하게끔 만드는지를 가르쳤고, 기괴한 동물 형상들을 만들었다. 한번은 프랑스의 국왕 프랑수아 1세를 위해 자동기계의 명작인 사자를 만들었다. 그 사자는 방으로 걸어 들어간 후 멈춰 섰고, 백합과 여러 가지 꽃들로 가득 채워진 자신의 가슴을 열었다.' Idea del tempio della pitura,

레오나르도와 현대의 비행

레오나르도 이후에 인간의 비행에 대한 관심은 1800년대 말과 1900년대 초 사이에 크게 고조되었다. 이 기간 동안에는 오토 릴리엔탈Otto Lilienthal[19], 피에르 루이 뮈야르Pierre Louis Mouillard[20] 등과 같은 개척자들이 일하고 있었다.

또한 이 당시에는 라이트 형제Orville Wright[21]가 최고의 성공을 이루어 내고 있었다. 1903년에 라이트 형제는 연소 기관으로 구동되는 비행기를 날리는 데 성공하면서, 현대 항공학 시대의 서막을 알린다.

레오나르도의 작업은 이 최후의 과정에 직간접적으로 어떤 역할이라도 했을까? 이 물음에 대한 대답은 생각보다 훨씬 더 복잡하다.

1800년대 말의 인간 비행에 관한 연구의 중심에 있는 「코덱스 '조류의 비행에 관하여'」는 완전하지 못하고, 몇 페이지가 빠졌어도 1893년에 처음으로 출판되었다.

릴리엔탈, 뮈야르 및 마레Marey[22]는 레오나르도와 대단히 흡사한 감각으로 인간의 비행에 착안하고, 그 착안이 자연적인 새의 비행에 대한 모방이라고 믿는다. 그들의 일은 자연의 비행과 그 비행의 법칙에 관한 관찰들이 주를 이루며, 비행기구들은 대체로 바람 속에서의 상승기류를 타는 비행으로 착안된다.

레오나르도의 아이디어는 라이트 형제를 포함한 이들 개인들에게 미해결된 흥미진진한 문제이다. 이미 언급한 바와 같이 레오나르도의 「코덱스 '조류의 비행에 관하여'」는 이 기간에 처음으로 인쇄되어 출판된다.

그럼에도 불구하고 레오나르도가 생각한 비행과 현대의 비행에는 대단히 큰 차이점들이 있다.

1903년에 라이트 형제에 의해 시작된 모터 추진력을 장착한 현대의 비행은 자연을 모방하는 비행 아이디어를 완전히 버리게 된다.

이것은 레오나르도의 개념과 매우 중요한 차이가 있으며, 그 차이는 한 시대의 종말을 고한다. 이 시기 동안에 조형미술이 실재에 대한 모방을 포기하는 것은 하나의 좋은 예이다.큐비즘의 등장

레오나르도는 현대의 제트비행기 앞에서 분명히 경외감을 가졌을 것이다. 그러나 동시에 작은 환멸을 느꼈을지도 모른다. 자연에 있는 새의 날개와 같이 유연하거나 이음매가 있는 날개가 아닌, 고정된 날개와 구조물 안에 갖춘 자동화된 모터 메커니즘은 자연을 모방하는 비행을 추구하는 그의 입장에서는 아마도 수용할 수 없는, 쉽기만 한 길처럼 보일 것이다.

19) Otto Lilienthal(1848~1896) : 독일 항공술 선구자.

20) Pierre Louis Mouillard(1834~1897) : 프랑스의 항공 선구자.

21) Orville Wright(1871~1948), Wilbur Wright(1867~1912) : 비행기를 발명한 미국의 형제, 1903년 사상 최초의 비행에 성공.

22) Marey : 프랑스의 항공 선구자.

라이트 형제의 비행기구(워싱턴 DC., 국립 스미스소니언 항공 우주 박물관).

27-28 어깨에 날개가 붙어 있는 사람과 또 다른 연구들 (1508~1510년경; W 12724r & CA 166r).

27

1590년

또한 사람이 자신의 어깨 위에 날개 그림 27 ; W 12724r. W 12506 혹은 큰 망토 그림 28; CA 166r 를 걸치고, 마치 높은 곳에서 뛰어내리는 것 같은 묘사를 한 그림들이 있다.

대체로 이 그림들은 1508~1510년경에 그려진 것으로 추정되며, 이들 역시 축제나 연극 제작에 쓰기 위해 설계된 것처럼 보인다. 기술적, 기계적인 관념이 전혀 없는 그림의 환상적이고 극적인 특징이 이를 분명하게 증명한다.

「코덱스 아틀란티쿠스」 폴리오 1047r에 있는 오니솝터의 날개 역시 조종사의 몸에 직접 부착되어 있으며, 이 장치도 연극 제작을 위한 것이었는가, 의문을 가져볼 수 있다.

이 모든 예들을 종합해 보면, 레오나르도는 출발점으로 되돌아온 것처럼 보인다. 피렌체에서의 젊은 시절에 만든 것과 같은 극장용 발명품들, 1장에서 언급한 조토의 종탑에 새겨진 다이달로스와 같이 신화적인 꿈을 생각나게 하는 '오니솝터 형ornithopter-type'의 인간 비행에 관한 프로젝트들.

그 주기는 그것의 시작과 밀접한 것으로 보인다. 레오나르도는 자연을 재창조하려는 시도 속에서 자연을 이해하려는 긴 여정을 시작하였으나 결국 성공하지 못했다.

놀이와 연극 프로젝트에서의 인간 비행은 그가 젊은 시절부터 추구해온 것들과 다르고, 초기 연구들의 낙천주의적인 강조는 이제 환상적이고 문예적인 영역으로 빠져나가며 보다 우울한 감성으로 변한다.

이 해석은 현실적인 위기에 대한 암시를 담은 부분1508~1510년경 으로 확인되는 듯하다.

'항행술은 정확한 과학이 아니다. 항행술이 과학이라면 바람의 행운으로 날아오르는 새들과, …… 바다나 강에서 죽지 않고 헤엄치는 물고기 같이 매번 닥치는 위험을 피할 수 있어야 하기 때문이다.' W 12666r

사람들이 물고기를 모방하여 만들어 사용하는 배는, 그 능력이 폭풍을 극복하는 새나 물고기가 가진 '타고난' natural 능력과 결코 같아질 수 없다. 분명하게 언급되어 있지는 않았어도, 레오나르도 다 빈치는 비행기구를 '하늘을 항행하는 것', 즉 사람이 새를 모방할 수 있는 방법으로 생각했을 것이다.

이 항행의 형태와 자연에 대한 기술적인 모방은 레오나르도에게 매우 '불완전' 하고 불충분한 것으로 보였을 것이다.

새들의 날개를 해부학적으로 재창조하려는 시도에서 그는 자연이 항상 정해진 역할에 완벽하게 조화된 형태로 반응한다는 생각에 경탄했다 '날개로 직접 힘을 전달하는 놀라운 이용'; W 12657.

그러나 기술적으로 자연과 보조를 맞추려던 그의 노력 역시 자포자기의 원인이 된다.

이와 같이 레오나르도가 '바람의 과학' 을 실용적으로 적용하기 위해 연구했던 마지막 기간은 오락, 공상, 그리고 연출법으로 특성화될 수 있는데, 그에 대한 이러한 발견은 이미 비행기구에 대한 연구가 줄어든 것과 더불어 더 이상 놀라운 일이 아니다.

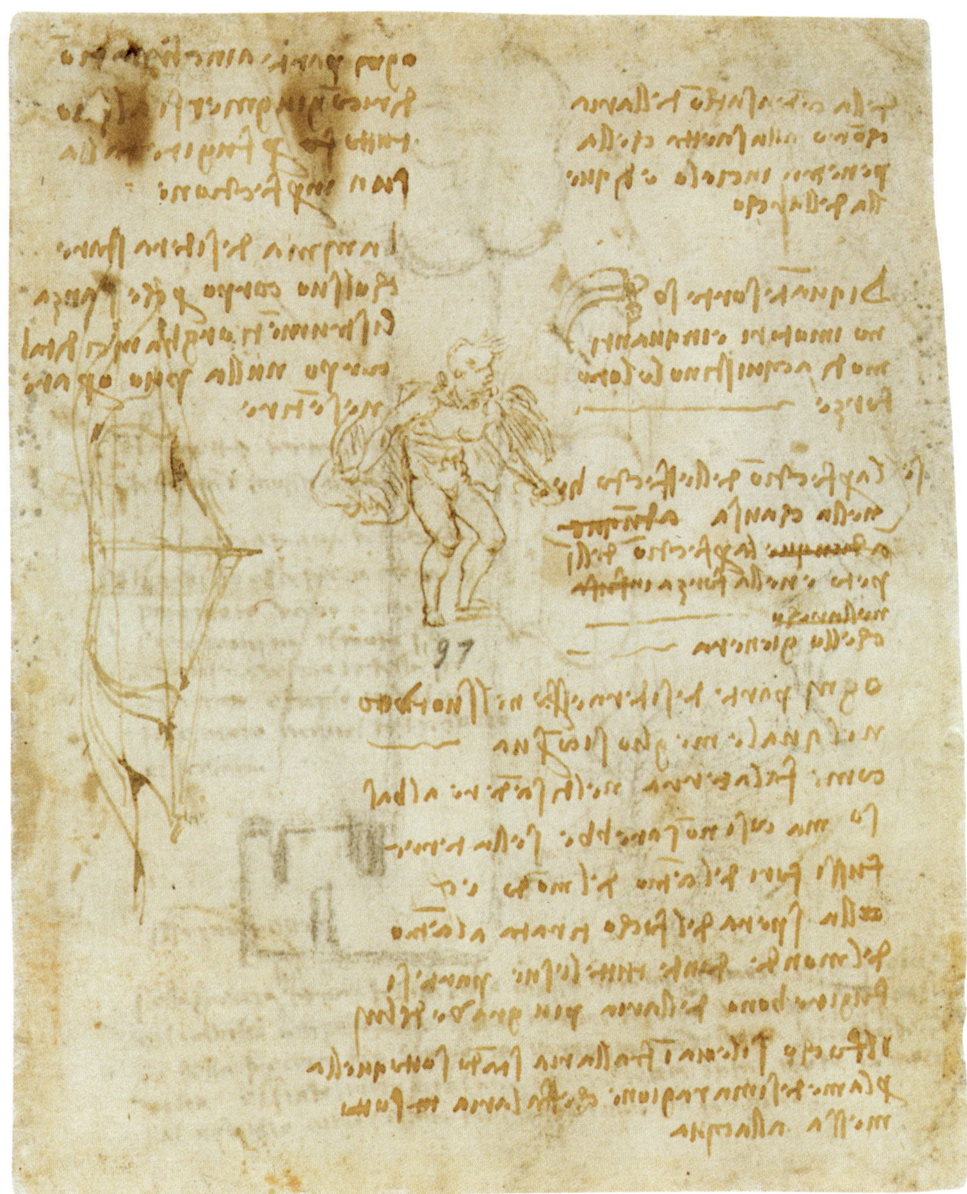

28

역자의 글

또 다른 자유, 하늘을 꿈꾸며…

레오나르도 다 빈치가 하늘을 상상하지 않았다면
오늘날 우주 공간은 아직 불가지의 영역으로 남아 있었을 것입니다.
그는 하늘을 날기 위해
창공에 창문을 만든 최초의 인간이었습니다.
창공은 본래 우리들 인간의 영역이 아니었습니다.
신들의 영역이었으며 불사조들이 날개 치는 신화의 세계였습니다.
우리는 지금 레오나르도가 만든 날개를 달고
하늘을 비행합니다.
우주 저편, 은하계 너머
거대한 날개를 펼친 다 빈치가
우리를 향해 미소를 짓고 있습니다.
레오나르도 다 빈치는 불멸의 새입니다.
르네상스 시대 때부터 지금까지
가장 오래 살며 가장 위대한 새입니다.
라이트 형제가 날개를 달고 창공에 행글라이더를 띄운 후
무수한 사람들이 우주를 향해, 그 너머 또 다른 우주를 찾아 떠났고
오늘 우리는 또 다른 우주를 상상하며 긴 여정을 떠납니다.

불사조, 레오나르도 다 빈치!
이제 우리가 당신의 세계를 열어갑니다.

2007년 새해 아침 레오나르도 다 빈치에 부침.

역자 권 재 상

신화의 나라 그리스를 다녀오는 길에 로마공항에서 마지막 유로까지 긁어모아 고이 모셔온 다 빈치. 이탈리아어와 영어, 프랑스어를 넘나들며 우리말로 번역하는 작업은 역자에겐 큰 어려움이었습니다. 또한 르네상스 시대에 최초로 시작된 항공공학적 아이디어들을 수백 년이 지난 오늘날의 언어로 다시 표현하기가 무척이나 어려웠습니다. 이번 일을 통해 크게 느끼고 배우는 것들이 많았습니다.

이 책은 단순한 그림책이 아닙니다. 땅 위의 장애물들을 가볍게 뛰어넘어 하늘을 매끄럽게 날아 자유롭기를 원한, 레오나르도 다 빈치가 상상한 하늘을 향해 풀어 놓은 매개체입니다.

이 원고가 완성될 때까지 함께 고생해준 여러 사람들에게 감사를 전합니다. 종이비행기를 잘 만드는 신항균은 초고 작업에서 많은 도움을 주었고, 영문학도 윤고운, 그리고 끝마무리를 도운 유형은에게 특별히 감사를 전합니다. 그리고 이 책이 출간될 수 있도록 도와주신 출판사 사장님께도 감사의 마음을 전합니다.

그림 | 안드레아 피사노(Andrea Pisano, 1290~1348년) 작, 조토의 종탑 아랫부분에 새겨진 조각. 다이달로스의 신화를 묘사한다.

참고문헌

레오나르도 다 빈치의 모든 사본들은
그의 디자인 사본의 이탈리아 출간을 위한
다 빈치 위원회(Commissione Vinciana)의 후원하에
준티 출판사(피렌체)에서 원본대로 발행하였다.

G. Cardano, *De Subtilitate*, Nurimberg 1550, p. 317.

P. Boaystuau, *De hominis excellentia*, Antwerp 1589, p. 239.

G. Uzielli, *Descrizione del codice di Leonardo da Vinci relativo al volo degli uccelli appartente al conte Giacomo Manzoni di Lugo*, in *Ricerche intorno a Leonardo da Vinci. Serie seconda*, Rome 1884, pp. 389-412.

H. de Villeneuve, *Léonard de Vinci aviateur*, "L'Aéronaute", Paris September 1874.

G. Govi, *Sur une très ancienne application de l'hélice comme organ de propulsion*, "Comptes rendus hebdomadaires des séances de l'Académie des sciences", XCIII, Paris 1881, pp. 400-402.

P. Amans, *La physiologie du vol d'après Léonard de Vinci*, "Revue scientifique", XLIX, Paris 1892, pp. 687-693.

C. Buttenstedt, *Leonardo da Vinci's Flugtheorie*, "Die Welt der Technik", Berlin 1907.

P. Ravigneaux, *Léonard de Vinci (1452-1513* [sic]) *et l'aviation*, "La vie automobile", VIII, Paris 1908.

L. Beltrami, *L'aeroplano di Leonardo*, in *Leonardo da Vinci. Conferenze fiorentine*, Florence 1910, pp. 315-326.

E. Mc Curdy, *Leonardo da Vinci and the science of flight*, "The nineteenth Century and after", XIX-XX, London 1910, pp. 126-142.

O. Sirén, *Leonardo da Vincis Studier rörande Flygproblement*, "Särtrysck ur nordisk Tidskrift", 5, Stockholm 1910.

L. Beltrami, *Leonardo da Vinci e l'aviazione*, Milan 1912.

H. Donalies, *Leonardo da Vinci's Flugtheorie*, "Deutsche Luftfahrer Zeitschrift", XVI, Berlin 1912.

S. De Ricci, *Les feuillets perdus du manuscrit de Léonard de Vinci sur le vol des oiseaux*, "Mélanges Picot", extract, Paris 1913.

R. Giacomelli, *Gli studi di Leonardo da Vinci sul volo* , "L'aeronauta", II, Rome 1919.

G. Boffito, *Due passi del Cardano concernenti Leonardo da Vinci e l'aviazione*, "Atti della Reale Accademia delle scienze di Torino", Turin 1920.

G. Boffito, *I voli di Dante Alighieri e di Leonardo da Vinci*, in *Il volo in Italia: storia documentata e aneddotica dell'aeronautica e dell'aviazione in Italia*, Florence 1921 pp. 58-71.

F. J. Haskin, *Leonardo and his Wings*, "The Springfield Union", 26, X, New York 1921.

G. De Toni, *Gli studi sul volo*, in *Le piante e gli animali in Leonardo da Vinci*, Bologna 1922, 129-142.

B. Hart Ivor, *Leonardo da Vinci as a pioneer of aviation*, "The Journal of the Royal aeronautical Society", XXVII, London 1923, pp. 244-269.

B. Hart Ivor, *Leonardo da Vinci as a Pioneer of Aviation*, in *The mechanical Investigations of Leonardo da Vinci*, London 1925, pp. 143-193.

R. Giacomelli, *La forma di migliore penetrazione secondo Leonardo*, "Atti della prima settimana aerotecnica", Rome 1925; extracts, Pisa 1925.

R. Marcolongo, *I centri di gravità dei corpi negli scritti di Leonardo*, "Raccolta Vinciana", 13, Milan 1926-1929, pp. 99-113.

G. Bilancioni, *Le leggi del volo negli uccelli secondo Leonardo*, "L'Aerotecnica", Pisa 1927.

R. Giacomelli, *Leonardo da Vinci e il volo meccanico*, "L'Aerotecnica", VI, Pisa 1927, pp. 486-524.

R. Giacomelli, *Il volo degli uccelli in due recenti pubblicazioni vinciane*, "Rivista di aeronautica", III, Rome 1927.

R. Giacomelli, *Dispositivi per il controllo laterale e l'aumento della portanza nell'ala dell'aeroplano e dell'uccello*, "L'aerotecnica", VI, Pisa 1927, pp. 40-58.

R. Marcolongo, *Le invenzioni di Leonardo da Vinci*. Parte prima, *Opere idrauliche, aviazione*, "Scientia", 41, 180, Milan 1927, pp. 245-254.

G. Bilancioni, *Svolgimento storico del concetto di aria*, "Annali delle Università toscane", XI, Pisa 1928, pp. 107-171.

R. Giacomelli, *Les machines volantes de Léonard de Vinci et le vol à voile*, Extr. du tome 3 des *Comptes rendus du 4.me Congrès de navigation aérienne tenu à Rome du 24 au 29 octobre 1927*, Rome 1928.

G. Mormino, *Leonardo da Vinci e il volo*, "Rassegna nazionale", II, Rome 1928, pp. 177-182.

E. Verga, *Recensioni agli studi di R. Giacomelli* 1919, 1925, 1927[14], 1928, "Raccolta Vinciana", XIII, Milan 1926-1929 (1930), pp. 156-163.

G. Bilancioni, *Leonardo e Cardano*, "Rivista di Storia delle Scienze Mediche e Naturali", XXI, Rome 1930, pp. 4-30, in particular pp. 20-25.

R. Giacomelli, *The aerodynamics of Leonardo da Vinci*, "The Journal of the Royal Aeronautical Society", XXXIV, 1930, pp. 1016-1038.

R. Giacomelli, *I modelli delle macchine volanti di Leonardo da Vinci*, "L'Ingegnere", V, 1931, pp. 74-83.

R. Giacomelli, *Il terreno scelto da Leonardo per il volo a vela*, "Aeronautica", Rome 1931.

G. Mormino, *Il precursore dell'aviazione mondiale: Leonardo da Vinci*, "Almanacco aeronautico", Milan 1931, pp. 13-19.

Esposizione dell'aeronautica italiana, catalogue, Milan 1934.

R. Giacomelli, *Progetti vinciani di macchine volanti all'Esposizione aeronautica di Milano*, "L'aeronautica", 14, Rome 1934, 8-9, pp. 1047-1065.

R. Giacomelli, *Gli scritti di Leonardo da Vinci sul volo*, Rome 1936.

A. Dattrino, *Il volo a vela e il volo muscolare*, Turin 1938.

R. Giacomelli, *Leonardo da Vinci e il problema del volo*, «Sapere», Milan 1938, pp. 404-408.

AA. VV., "Ala d'Italia", XX, Rome 1939, special issue dedicated to Leonardo.

G. Mormino, *Storia dell'aeronautica dai miti antichissimi ai nostri giorni*, Milan 1939.

R. Giacomelli, *Leonardo da Vinci e Francesco Lana: i due primi assertori del volo in base a considerazioni fisiche e Giovanni Alfonso Borelli e la prima critica razionale su basi quantitative dei sistemi per volare*, in "Atti della XXVII riunione della SIPS [Società italiana per il progresso delle scienze]" (Bologna 1938), Rome 1939.

R. Giacomelli, *Macchine volanti e strumenti metereologici e di volo in Leonardo da Vinci*, "Annali dei lavori pubblici", XXXIX, Rome 1939.

R. Marcolongo, *Il volo degli uccelli e il volo umano o strumentale*, in *Leonardo da Vinci artista-scienziato*, Milan 1939, pp. 253-267.

R. Giacomelli, *Contributi all'aeronautica e alla dinamica indebitamente attribuiti a Leonardo da Vinci*, "L'aeronautica", XX, Rome 1940.

C. Rossi, *Dalla rana di Galvani al volo muscolare*, Milan 1940.

Jotti da Badia Polesine, *Breve storia dell'aeronautica italiana. 2. Leonardo da Vinci*, Milan 1941.

R. Marcolongo, *Leonardo da Vinci artista e scienziato*, Milan 1950, pp. 205-216.

C. Zammattio, *Gli studi di Leonardo da Vinci sul volo*, "Pirelli", IV, Milan 1951, pp. 16-17.

M. L. Bonelli, *Leonardo e le macchine per volare*, "L'illustrazione scientifica", 4, Milan 1952, 31, pp. 26-28.

V. Mariani, *Le macchine volanti di Leonardo da Vinci*, "Ciampino: aereoporto internazionale", Rome 1952, IV, 6, pp. 7-15.

R. Giacomelli, *Leonardo da Vinci e la macchina di volo*, "Scienza e vita", XLIV, Rome 1952, 42, pp. 395-408.

"Rivista aeronautica", 28, Rome 1952, 3, special issue dedicated to Leonardo (essays by S. Taviani, R. Giacomelli, L. Grosso).

A. Uccelli (with the collaboration of C. Zammattio), *I libri del volo di Leonardo da Vinci*, Milan 1952.

C. Zammattio, *Le ricerche sul volo di Leonardo da Vinci*, "Sapere", 35, Milan 1952, 413-414, pp. 88-91.

M. R. Dugas, *Léonard de Vinci dans l'histoire de la mécanique*, in *Léonard de Vinci et l'expérience scientifique au xvie siècle*, Atti del Convegno, Paris 1952, Paris 1953, pp. 88-114, in particular pp. 98-108: *Du vol des oiseaux à la machine volante par la théorie du vol.*

R. Giacomelli, *I precursori*, "Rivista aeronautica", II, 12, 1953, pp. 759-800.

P. MAGNI, *I libri del volo di Leonardo da Vinci* [I, II e III], "Rivista d'ingegneria", 3, 1953, 4, pp. 393-400 [I]; 5, pp. 537-544 [II]; 6, pp. 645-651 [III].

C. PEDRETTI, *Macchine volanti inedite di Leonardo*, "Ali", 3, Turin 1953, 4, pp. 48-50.

V. SOMENZI, *Ricostruzioni delle macchine per il volo*, in AA. VV., *Leonardo. Saggi e Ricerche*, Rome 1954 (1952), pp. 57-66.

C. PEDRETTI, *Spigolature aeronautiche vinciane*, "Raccolta Vinciana", XVII, Milan 1954, pp. 117-128.

C. PEDRETTI, *L'elicottero*, in *Studi Vinciani*, Genève 1957, pp. 125-129.

C. PEDRETTI, *Il foglio 447E degli Uffizi a Firenze*, in *Studi Vinciani*, pp. 211-216.

L. RETI, *Helicopters and whirligigs*, "Raccolta Vinciana", XX, Milan 1964, pp. 331-338.

I. B. HART, *Artficial flight and the flight of birds*, in *The world of Leonardo da Vinci man of science, engineer and dreamer of flight*, London 1961, pp. 307-339.

CH. H. GIBBS-SMITH, *The Aeroplane: An Historical Survey*, London 1960.

CH. H. GIBBS-SMITH, *A Note on Leonardo's Helicopter Model*, in I. B. HART, *The World of Leonardo da Vinci*, London 1961, pp. 356-357.

B. GILLE, *Les ingénieurs de la Renaissance*, Paris 1964.

M. COOPER, *The Inventions of Leonardo da Vinci*, New York 1965 (in particular *Flight*, pp. 52-61).

CH. H. GIBBS-SMITH, *Leonardo's da Vinci Aeronautics*, London 1967.

CH. H. GIBBS-SMITH, *Léonard de Vinci et l'aéronauthique*, "Bulletin de l'Association Léonard de Vinci", 9, Amboise 1970, pp. 1-9.

E. PETITOLO, *Le carnet de vol de Léonard de Vinci*, "Bulletin de l'Association Léonard de Vinci", 11, Amboise 1972, pp. 15-22.

O. CURTI, *Leonardo da Vinci e il volo*, "Museoscienza", 15, Milan 1975, 3, pp. 15-25.

G. DONDI, *In margine al codice vinciano della Biblioteca Reale di Torino. Note storico-codicologiche*, "Accademie e Biblioteche d'Italia", XLIII, 1975, 4, pp. 152-271.

C. PEDRETTI, *Codice sul volo degli uccelli*, in *Disegni di Leonardo e della sua scuola alla Biblioteca Reale di Torino*, Florence 1975, pp. 41-50.

I. STRAZHEVA, *Leonardo da Vinci and modern flight mechanics*, in *Leonardo nella scienza e nella tecnica*, Proceedings of the international symposium on the history of science (Florence-Vinci 1969), Florence 1975, pp. 105-110.

Léonard de Vinci: l'art du vol, educational exhibition Caen 1978.

B. DIBNER, *Leonardo and the third dimension*, in E. BELLONE-P. ROSSI (edited by), *Leonardo e l'Età della Ragione*, Milan 1982, pp. 79-100 (in particular, pp. 88-94).

C. PEDRETTI, Introduction to *Leonardo da Vinci, The codex on the flight of birds in the Royal Library at Turin*, ed. by A. Marinoni, traslated from the Italian by D. Fienga, New York 1982 (Florence, Giunti Barbèra).

S. NOSOTTI (edited by), *Leonardo da Vinci: l'intuizione della natura*, exhibition catalogue (Milan 1983), Florence 1983, pp. 37-56.

C. HART, *Leonardo's theory of bird flight and his last ornithopters*, in *The prehistory of flight*, Berkeley 1985, pp. 94-115.

P. GALLUZZI, *La carrière d'un technologue*, in *Léonard de Vinci ingénieur et architecte*, exhibition catalogue, Montreal 1987, pp. 80-83.

M. KEMP, *Les inventions de la nature e la nature de l'invention*, in *Léonard de Vinci ingénieur et architecte*, exhibition catalogue, Montreal 1987, pp. 138-144.

C. PEDRETTI, *Il Codice sul volo degli uccelli e i suoi disegni di carattere artistico*, in *I disegni di Leonardo e della sua cerchia nella Biblioteca Reale di Torino*, Florence 1990, Appendix I, pp. 109-114.

G. P. GALDI, *Leonardo's Helicopter and Archimedes' Screw: The Principle of Action and Reaction*, "Achademia Leonardi Vinci", IV, 1991, pp. 193-201.

A. ELLENIUS, *Ornithological imagery as a source*, in R. G. MAZZOLINI (edited by) *Non verbal communication in science prior to 1900*, Florence 1993, pp. 375-390 (in particular, pp. 384-386).

M. PIDCOCK, *The Hang Glider*, "Achademia Leonardi Vinci", VI, Florence 1993, pp. 222-225.

P. GALLUZZI, *Leonardo da Vinci: dalle tecniche alla tecnologia*, in *Gli Ingegneri del Rinascimento da Brunelleschi a Leonardo da Vinci*, exhibition catalogue (Florence 1997), Florence 1996, pp. 69-70.

D. LAURENZA, *Gli studi leonardiani sul volo. Spunti per una riconsiderazione*, in *Tutte le opere non son per istancarmi. Raccolta di scritti per i settant'anni di Carlo Pedretti*, Rome 1998, pp. 189-202.

D. LAURENZA, *Leonardo: le macchine volanti*, in AA. VV., *Le macchine del Rinascimento*, Rome 2000, pp. 145-187.

D. LAURENZA (scientific co-ordination and text), *Leonardo. Uomo del Rinascimento Genio del futuro*, (5 volumes), Novara 2001-2003.

D. LAURENZA, *Leonardo da Vinci. Codice sul volo degli uccelli*, in *Van Eyck, Antonello, Leonardo. Tre capolavori nel Rinascimento*, Turin 2003, pp. 70-73.

Editions on the Codex 'On the Flight of Birds'

I Manoscritti di Leonardo da Vinci. Codice sul volo degli uccelli e varie altre materie. Published by T. Sabachnikoff. Transcriptions and notes by G. Piumati. French translation by C. Ravaisson-Mollien, Paris 1893.

Leonardo da Vinci's Manuscript on the Flight of Birds, English translation by Ivor B. Hart, in "The Journal of the Royal aeronautical Society", XXVII, London 1923, pp. 289-317; IDEM, *The Mechanical Investigations of Leonardo da Vinci*, London 1925, Appendix (II ed. Berkeley-Los Angeles 1963, introduction by E. A. Moody).

I fogli mancanti al Codice di Leonardo da Vinci nella Biblioteca Reale di Torino, edited by E. Carusi, Rome 1926.

Il Codice sul volo degli uccelli, edited by S. Piantanida, in *Leonardo da Vinci*, Novara 1939 (2[a] ed. 1956).

Leonardo da Vinci, Il Codice sul volo degli uccelli. Facsimile edition of the Codex. Transcriptions and bibliographical annotations by Jotti da Badia Polesine, Milan 1946.

Il Codice sul volo degli uccelli nella biblioteca reale di Torino. Diplomatic and critical transcription by A. Marinoni. Edizione nazionale dei manoscritti e dei disegni di Leonardo da Vinci edited by Commissione Vinciana, Florence 1976.

Leonardo da Vinci, The Codex on the Flight of Birds in the Royal Library at Turin, edited by A. Marinoni; introduction by C. Pedretti; English translation by D. Fienga, New York 1982.

Léonard de Vinci, Le manuscrit sur le vol des oiseaux [dans la] Bibliothèque Royal de Turin; preface by A. Chastel, introduction by A. Marinoni, presentation by S. Bramly, Paris 1989.

Cd-Rom *I Codici multimediali di Leonardo da Vinci. Il Codice sul volo degli uccelli* (transcription by A. Marinoni; presentation and apparatus criticus by D. Laurenza), Anaya Multimedia, Ernst Klett Verlag-Giunti Multimedia, Giunti Gruppo Editoriale, Istituto e Museo di Storia della Scienza di Firenze, Milan and Florence 2000.

Photographic References

Archivi Alinari, Florence: p.29

Archivio Giunti/Foto Rabatti & Domingie: pp.6-7, 8 top, 28 left

Archivio Giunti/Foto Stefano Giraldi: pp.8 centre right, pp.17 bottom

Archivio Pubbli Aer Foto/ Aerocentro Varesino: P.33

Atlantide Phototravel, Florence: p.55 top

Corbis/Contrasto, Milan: p.85 bottom right

Rabatti & Domingie Photography, Florence: p. 28 bottom right

All the other illustrations are property of Archivio Giunti.

The publisher is willing to settle any royalties that may be owing for the publication of pictures from unascenrtained sources.

하늘을 상상한

레오나르도 다 빈치

지은이 • 도미니코 로렌차

옮긴이 • 권재상

펴낸이 • 조승식

펴낸곳 • 도서출판 이치

등록 • 제9-128호

주소 • 142-877 서울시 강북구 수유2동 258-20

www.bookshill.com E-mail • bookswin@unitel.co.kr

전화 • 02-994-0583 팩스 • 02-994-0073

2007년 2월 5일 1판 1쇄 발행

2010년 2월 5일 1판 4쇄 발행

값 17,000원

ISBN 978-89-91215-46-7

* 잘못된 책은 구입하신 서점에서 바꾸어 드립니다.

이 도서는 도서출판 북스힐에서 기획하여 도서출판 이치에서 출판된 책으로 도서출판 북스힐에서 공급합니다.

142-877 서울시 강북구 수유2동 258-20

전화 • 02-994-0071 팩스 • 02-994-0073